全国高等职业教育资源开发类专业"十三五"规划教材
高等职业教育应用型人才培养规划教材

矿 相 学 基 础

主 编 马叶情
副主编 孙文礼 张 昱

黄河水利出版社
·郑州·

内 容 提 要

　　本书是一本主要针对高职院校区域地质调查与矿产普查类相关专业的教材。以矿相学的基本概念和基础理论为主要论述内容,着重介绍了不同光学系统下的矿物光性特征,并在此基础上探讨了矿相学在地质学研究中的应用,包括矿物鉴定、矿石构造和结构、矿石工艺性质等内容。

　　本书适合地质类相关专业教学使用,也可作为地质工作人员的参考用书。

图书在版编目(CIP)数据

　　矿相学基础/马叶情主编. —郑州:黄河水利出版社,
2016.9
　　全国高等职业教育资源开发类专业"十三五"规划
教材　高等职业教育应用型人才培养规划教材
　　ISBN 978 - 7 - 5509 - 1531 - 2

　　Ⅰ.①矿…　Ⅱ.①马…　Ⅲ.①矿物相 - 高等职业教
育 - 教材　Ⅳ.①P616

中国版本图书馆 CIP 数据核字(2016)第 210660 号

策划编辑:陶金志　　电话:0371 - 66025273　　E-mail:838739632@qq.com

出 版 社:黄河水利出版社
　　　　地址:河南省郑州市顺河路黄委会综合楼 14 层　　邮政编码:450003
发行单位:黄河水利出版社
　　　　发行部电话:0371 - 66026940、66020550、66028024、66022620(传真)
　　　　E-mail:hhslcbs@126.com
承印单位:郑州龙洋印务有限公司
开本:787 mm×1 092 mm　1/16
印张:9.75
字数:240 千字　　　　　　　　　　　印数:1—2 000
版次:2016 年 9 月第 1 版　　　　　　　印次:2016 年 9 月第 1 次印刷

定价:28.00 元

前　言

矿相学是一门技术性较强的专业基础课,它是在学完结晶矿物学、岩石学等课程的基础上,与矿床学配合学习的一门课程。

本书内容充实、结构合理,在矿相学理论和不透明矿物的鉴定及测试方法上吸收了国内外的主要科研成果,结合甘肃金川硫化镍矿床、白银黄铁矿型铜矿床、厂坝铅锌矿床等矿床中典型的金属矿物特征进行编写。

本书由甘肃工业职业技术学院马叶情担任主编、甘肃工业职业技术学院孙文礼和张昱担任副主编。其中马叶情编写绪论、第一章至第十一章;孙文礼编写第十二章;张昱编写第十三和第十四章。

本书在编写过程中,参考了尚浚等编写的《矿相学》,借鉴了成都理工大学、中国地质大学(武汉)、兰州大学等多个高校编著的矿相学教材,还参考了多个期刊的文献资料,在编写过程中,得到了地质、选矿专业的多位教师的大力支持与热情帮助,在此一并表示衷心感谢。

由于编者水平有限,书中难免会存在错误和不当之处,敬请广大读者多多指教。

编　者
2016 年 6 日

目　录

绪 论

一、矿相学的概念及研究内容

矿相学是以矿石为研究对象的一门地质科学,是在矿相(反光)显微镜下研究金属矿石的矿物成分、结构构造以及矿石在时间与空间上发育与分布的规律性的一门学科。矿相学的研究领域包括金属矿物学和矿石学,其研究内容是:

(1)鉴定金属矿物:以矿相显微镜为主要手段研究金属(不透明)矿物的光学、物理、化学性质和形态特征,借以鉴定矿物。

(2)研究矿石的组构特征:研究矿石的构造、结构及矿物晶粒的切面形状等特征,并结合矿物成分、化学成分及其矿床的地质特征,分析矿床的矿化条件、矿化作用和矿化过程,从而为研究矿床成因和找矿勘探提供依据。

(3)研究矿石的工艺性质:研究矿石中有益和有害元素的赋存状态、有用矿物和组分的含量、矿物的粒度、矿物的嵌布特性与镶嵌关系、矿物的"物性差"等矿石工艺性质,结合选矿、冶炼试验,了解矿石的可选性和可冶性,为选冶提供依据。

由以上可知,矿相学是一门主要为矿床学、矿物学和矿石工艺学等服务的学科,因此它是一门专业基础课程。

二、矿相学的研究意义

(一)在研究矿床成分方面的意义

矿石是矿相学研究的对象。由于矿石是组成矿床的基本物质,是成矿作用的结果,所以矿石的特点能反映成矿作用的某些特征,还能反映矿床形成时的物理化学条件和成矿的作用过程。通过矿相学的研究,弄清矿石的矿物成分以及矿石的构造、结构等特征,可为研究矿床成因提供重要的依据。

1. 帮助判断成矿方式、成矿深度和成矿时的物理化学条件

了解矿石的结构构造特点,可以帮助确定成矿方式是充填作用还是交代作用。根据广泛发育的晶洞状、角砾状、胶状等矿石构造,矿石矿物和脉石矿物组成的集合体与围岩的界线清楚、平整,就可以判定成矿主要方式是充填作用。如具梳状矿石构造的矿脉,其成矿方式主要是充填作用。而交代作用形成的构造的矿物边界往往呈不规则锯齿状。有时根据矿石的构造结构特点能推断矿床形成的深度。

某些特殊的矿石构造结构类型可以指示矿床的成因和成矿物理化学条件。例如,"草莓结构"指示矿石系生物化学沉积成因,碎屑结构反映矿石系沉积成因,多孔状构造说明矿石系风化成因等。根据矿化作用晚期的白铁矿广泛交代磁黄铁矿的现象,可以确定矿化的晚期温度较低,含矿溶液中的硫离子浓度增大和溶液的性质为酸性。

2. 帮助分析矿床成因和成矿作用过程

例如海南石绿铁矿床的成因,长期以来一直被认为是最典型的矽卡岩型矿床,但在20世纪70年代末期,研究人员对该矿床矿石结构构造进行深入研究后发现赤铁矿具典型的鲕状结构,从而改变了长期以来的传统看法,较一致地认为该矿属海相远源火山沉积成因。

(二)在指导找矿勘探工作方面的意义

找矿、勘探工作的目的是对矿床作出正确的评价。详细而系统地研究矿石的物质成分和结构特征,对正确了解矿床成因和矿化规律有极其重要的意义,只有了解矿化规律之后才能对矿床作出正确评价和选择最有效的找矿勘探方法。例如四川某赤铁矿矿床,起初认为地表露头中发现的赤铁矿系原生矿石,而后经大量的矿相研究,发现这些赤铁矿是由磁铁矿氧化作用形成的"假像赤铁矿",据此加深钻孔,终于在深部发现了具有更大工业意义的沉积变质型磁铁矿富矿体。

(三)在指导矿石技术加工方面的意义

矿相学研究的另一个主要方向就是对矿石工艺性的研究。在选矿和冶炼设计中,选矿、冶炼方法的选择和流程确定都需要根据矿石工艺性质研究的矿相学资料,不然很难做出正确的、符合客观实际的选矿和冶炼设计。就是在选矿和冶炼过程中,对矿石工艺的中间产品和最终产品,也必须进行矿相学研究,以检查选矿方法是否正确、破碎直径是否适当、单体离解率情况、各种精矿的质量、尾矿中有用矿物的流失情况等。通过矿相学检查,找出原因,以便改进冶炼方法和流程,提高选冶效果。

三、矿相学研究的工作程序

矿相学研究的工作程序可分为以下三个阶段:野外研究阶段、室内研究阶段和综合整理研究阶段。

(一)野外研究阶段

首先应收集已有的地质资料来了解区域地质及矿床地质的概况,结合矿床学的研究对矿化露头、探槽、坑道、钻孔等进行地质观察和编录、采集有关标本。在采集标本时,应注意:

(1)采集各矿床中不同矿体、不同地段、不同部位的有代表性的系统标本。

(2)采集有特征意义的标本。

(3)标本都需编号、注明采集地点,必要时还必须绘制素描图或拍摄照片。

(二)室内研究阶段

此阶段的主要任务是在实验室里用矿相显微镜进行光片鉴定和研究,以便使矿石的物质成分、结构构造、共生组合、矿物生成顺序等方面的资料更完善和准确,从而为确定矿床成因、划分矿石类型和矿石工艺特性等提供更确切的依据。

(三)综合整理研究阶段

这个阶段主要是综合野外、室内研究的成果和文献资料,进行去粗取精、去伪存真的分析和整理,找出客观规律,上升到理论并加以解释,最后编写"矿相学研究报告书"。报告书中应阐明以下几个问题:

(1)区域地质概况。

(2)矿床地质特征,矿体的形态、产状、规模及赋存规律。

(3)矿石类型、矿物成分及化学成分。

（4）矿石的组构特征及矿化期、矿化阶段、矿物的生成顺序、矿物世代等研究成果。

（5）矿物中有益有害组分的赋存状态、有用矿物嵌布特征、粒度大小等,在分析资料的基础上提出矿床成因的见解及找矿评价、矿石工艺加工的方案和建议。

四、矿相学发展简史

矿相学与其他地质学科相比,是一门发展较晚、较年轻的学科,它是在矿物学、矿床学、金相学的基础上发展起来的。20 世纪初才把金相学研究合金成分、结构特点的方法应用于天然矿石;20 世纪 50 年代以前外国学者在不透明矿物晶体光学、矿相显微镜下的鉴定方法、矿石结构研究等方面做出了重要贡献,为早期矿相学的发展奠定了基础,这一时期矿相学的研究以定性的理论解释和主要为定性半定量的测试数据鉴定矿物为特征;20 世纪后期及 21 世纪初,矿相学无论是在理论方面,还是在测试方法及手段上都有了很大的进展,在矿相学的研究中,光电倍增管光度仪、自动显微硬度计、自动定位图像分析仪以及新型矿相显微镜等被广泛应用,从而大大地提高了在矿相镜下研究金属矿物的光学性质、物理性质和矿石组分间量比关系的精确性。

展望未来,不透明金属矿物鉴定与研究将向微粒、微区、快速、定量化、精密化、自动化和电子计算机化的方向发展,在矿石结构研究中,与近代成矿理论和成岩成矿试验相结合必使其研究走向试验化、定量化。由于测试仪器自动化及与电子计算机相结合,将量子化学、固体物理学最新研究成果引进矿相学研究领域乃是不可忽视的发展趋势。矿相学必将为地质找矿和矿石加工以及新材料研制等方面做出重大的贡献。

第一章 矿相显微镜和光片的制备

学习目标

　　本章主要阐述了矿相学的使用工具——矿相显微镜和研究对象光片的制备,旨在让学生掌握矿相显微镜的基本结构和基本使用方法,了解光片制作过程。

第一节 矿相显微镜

一、矿相显微镜的结构

　　矿相显微镜又名反射偏光显微镜,是进行矿相学研究的主要工具。其目的是对金属矿物的光学性质和矿石的构造结构进行研究,它实质上是由研究岩石的偏光显微镜加上垂直照明器和光源组成的。

　　矿相显微镜主要由镜筒、镜架、物镜、目镜、垂直照明器和光源组成。

(一)垂直照明器

　　垂直照明器又称垂直照明系统,位于显微镜镜筒的下端与物镜之间,见图1-1,主要由进光管和反射器两个部分组成。

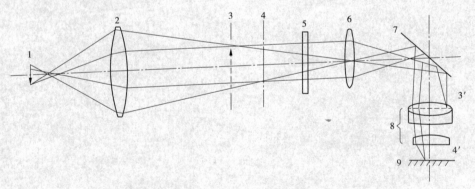

1—光源;2—聚光透镜;3—孔径光栏;4—视野光栏;5—起偏镜;
6—视野透镜(校正透镜);7—反射器;8—物镜的透镜系统;9—光片;
3'—孔径光栏的像;4'—视野光栏的像;1~7构成垂直照明系统

图1-1 矿相显微镜垂直照明系统光路示意图

　　1. 进光管

　　进光管是光线进入反射器的通道,此装置附有多种调节光线的部件。按顺序依次为光源聚光透镜:位于进光管最前端接近光源部分的位置,目的是使光聚焦于视野光圈上。

孔径光圈(口径光圈):位于光源聚光镜的后面,可任意开缩,以调节和控制入射光束的大小、影像反差强弱及物镜的有效孔径。当孔径圈缩小时,视野亮度减弱,影像因有害杂乱光线减少而增大,物镜有效孔径减小,分辨率降低。

前偏光镜(起偏镜):其作用是使入射光线变成直线偏光,可自由调节,系用冰洲石或偏光胶片制成。前偏光的振动方向一般采用东西向。

视域光圈:安装在前偏光镜的后面,可调节光片上视野的大小,适当缩小视域光圈,减少"耀光"的影响,使物像清晰度提高,一般调节到使视域光圈影像与视域边缘重合,不宜再大以免杂乱光线进入视域。

准焦透镜:位于进光管的最后面,一般由 2~3 个透镜组合而成,其作用是校正视野中光线的色差和像差,所以这种透镜也叫消色差透镜。

2. 反射器

反射器安置于垂直照明器镜筒的中心,它是垂直照明系统的关键部件,反射器将从进光管来的光线垂直向下反射至光片面上。反射器最常用的有玻璃片式反射器和三棱镜式反射器两种,见图 1-2。

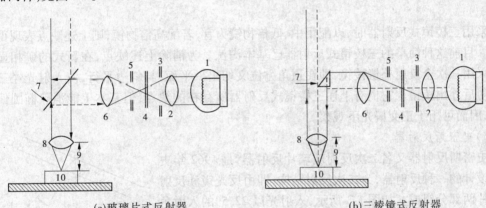

(a)玻璃片式反射器   (b)三棱镜式反射器

1—灯泡;2—聚光透镜;3—孔径光栏;4—起偏镜;5—视野光栏;
6—视野透镜;7—反射器;8—物镜;9—自由工作距离;10—光片

图 1-2　反射器

1)玻璃片式反射器

玻璃片式反射器装置如图 1-2(a)所示,为一透明、较薄的玻璃片,表面特别平坦,以 45°倾斜镶嵌在可沿东西向或南北向推拉的轴上,光线自进光管射至玻璃片,部分光线透过玻璃片而被镜筒吸收,一部分则被玻璃片反射向下通过物镜射向光片,光线自光片面反射向上到达玻璃片时,又有一部分光线由玻璃片向光源方向反射而散失,部分则透过玻璃片而到达目镜。假定光线在光片上反射的过程中没有损失,那么通过玻璃片式反射器到达目镜的光线的最大强度为入射光线强度的 25%,但实际上不可能,经计算强度不超过 12.5% 左右。由此可知玻璃片式反射器具有如下优点:①光线通过物镜不论上射还是下射都是全孔径,故分辨能力较强;②由于光线是全孔径通过,因此在聚敛偏光下观察图是完整的;③缩小孔径光圈时,光束系垂直入射和反射,故定量测量矿物的光学值时准确度较高。

过去玻璃采用岩石薄片的盖玻片,因其质量不佳而被淘汰,现采用的玻璃片反射面上镀

高折射膜如硫化锌和氧化铋等,以增加反射光强。当前偏光镜安装成正东西向时,透过玻璃片射向目镜的成光强为入射光强的 22% 左右(设光片反射率为 100% 及透镜的反射吸收损失不计);当前偏光镜安装成正南北向,则射向目镜的成像光线为光强的 10% 左右,大大低于正东西向。此外,玻璃片反射器还存在有反射旋转和透旋转的缺点,而这种旋转在正南北向偏光要比正东西向偏光大得多,因此矿相镜宜安置成正东西向。

2)三棱镜式反射器

三棱镜式反射器装置如图 1-2(b)所示。三棱镜用一等腰直角三角全反射棱镜,斜面的倾角 45°,一条直角边水平,另一条直立,安置在镜筒内但不超过镜筒内径的 1/2。入射光线经进光管射至三棱镜反射器后,入射光被全部反射向下过物镜至光片面上,再由光片面反射向上通过垂直照明器的镜筒留有的 1/2 空间而达目镜。假定不考虑透镜表面和光片对光线的吸收,那么到达目镜的光线强度最多不超过入射光强的 50%,故视野亮度较玻璃片式反射器亮得多。但它也有明显的缺点:①由于棱镜挡住了物镜孔径的一半,因此降低了物镜的分辨能力,在聚敛偏光下观察偏光图只能得到半个;②当入射光线为直线偏光时,因光束不完全平行(斜射光),则被棱镜反射后会使部分反射光成椭圆偏光,使某些光学性质的测量产生误差;③当入射光略倾斜地照射在矿物光片上时致使定量测量反射率得不到正确的结果。

采用三棱镜式反射器时,以配用中、低倍物镜为宜,若配高倍物镜,则上述缺点表现得更显著。目前这种简单的三棱镜式反射器已基本淘汰。为消除上述缺点,在新式的矿相显微镜中采用三次全反射补偿棱镜,即在顶角方位又切出一平面,与斜边平行,使入射光经三次全反射后才出棱镜。它仍有上述三棱镜式反射器所存在的缺点,但基本上能消除椭圆偏光现象,因而可用于正交偏光下观察。

3)史密斯反射器

史密斯反射器又名二次反射玻璃片反射器,是 1962 年史密斯设计的一种反射器,为二次反射结构,即由反光镜和反射玻璃片两部分组成。如图 1-3 所示,入射光以 22.5° 的入射角射向反射镜 M,M 反射后再射到镀膜的玻璃片 G 上,由 G 再反射,垂直向下射入物镜至光片上。反射玻璃片的折射率为 1.52,在其下表面镀厚度为 $\lambda/4$、$N = 2.45$(λ 为波长,N 为折射率)的氧化铋(Bi_2O_3)膜,以增强反射率,上表面镀厚度为 $\lambda/4$、$N = 1.38$ 的氟化镁(MgF_2)膜,以减少内反射而增加透射光强度。

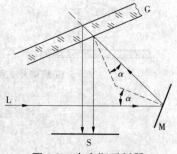

图 1-3 史密斯反射器

这种反射器除具有玻璃片式反射器的优点外,由于垂直入射面和平行入射面的偏光的透射和反射光强差别小,还可以大大降低玻璃片式反射器的透射旋转和反射旋转。

(二)光源

光源是矿相显微镜的重要组成部分,直接影响各种光学性质的观测和视域明亮程度及摄影效果,矿相显微镜一般以白炽灯和卤钨灯做为光源,部分研究用显微镜还配有汞灯、钠光灯或氙灯。

1. 钨丝白炽灯

任何钨丝白炽灯泡发出的光都是红橙色多蓝紫光少,因而灯光呈黄色,在观察矿物时,须在钨丝白炽灯泡前加一深度适宜的蓝色滤光片,使灯光变成白色。灯的安装有两种方式:一种是将灯固定在垂直照明器上随之升降;另一种是不与垂直照明器连接,安在专用灯座上,使用时垂直照明器与灯同一高度,以升降物台使之准焦。

2. 卤钨灯

在装有钨丝的石英玻璃壳内充入一定量的卤族元素或其化合物,一般用溴或碘化合物,灯丝发光部分近似点状,发出光也是连续光谱,使用时同样须加合适的蓝色滤光玻璃片以获得标准白光。

3. 碳弧灯

碳弧灯是利用碳棒电极之间发生的电弧作为照明光源。它的优点是亮度大,发光面积小,近似点光源;最大缺点是光强不稳定,不能用于测定矿物的反射率。

4. 氙灯

氙灯是在石英玻璃管内装上钨电极并充上高压的氙气而制成的,是一种亮度高的点光源,其亮度超过碳弧灯。该灯体积小,发出光也为连续光谱,光强稳定。

5. 钠光灯

钠光灯发射的光为 589.0 nm 和 589.6 nm 两条谱线,故灯光为鲜明的黄色,单色性好,不用加滤光器,因此常作为标准的单色光源使用。

(三)物镜(接物镜)

物镜是由复杂透镜组成的光学放大系统,每个物镜都具有两个最基本的特性:放大能力和分辨率。物镜的放大倍数可用显微镜的光学筒长(g)除以物镜的焦距(f)求得,即放大倍数 = g/f。物镜的放大倍数取决于物镜焦距的长短,焦距愈短,放大倍数愈大,反之则放大倍数愈小,物镜按放大倍数可分为低倍镜(放大 3~8 倍)、中倍镜(放大 10~20 倍)和高倍镜(放大 40 倍以上)。

1. 物镜的分辨率

分辨率是指分辨细微结构的能力,也就是使观察对象细微结构点表现出来的能力。它常以分辨率 L 来表示。分辨率是指物镜能分开两个点(或两条平行线)之间的最短距离。例如,用一物镜观察时能够把 0.5 μm 距离的两个点分开,两个点的距离更近一些时,如 0.4 μm,物镜就无法分辨,把两个点看成是一个点,那么该微米就是该物镜的分辨率。

根据物理光学的研究可求得物镜的分辨率

$$L = 0.61\lambda/(N\sin\alpha) \tag{1-1}$$

式中　L——分辨率;

　　　λ——观察时所用的波长;

　　　N——介质(物镜前透镜与光片同)折射率;

　　　α——物镜的孔径半角(见图1-4)。

物镜孔径角的大小取决于物镜的孔径与前焦点的距离。前焦距的数值是固定的,而物镜的孔径大小可通过孔径光圈而获得。如将口径光圈缩小,孔径角便变小,则物镜的解像力会降低;如口径光圈打开,则孔径角增大,物镜的解像力就增加。全开口径光圈,可以达到该物镜的最大值(定值)。

在物镜制造上,如将前焦距缩短,可以增大放大倍数,也能使孔径角增大,孔径角的理论最大值为180°,也就是 α 为90°。那么在空气中数值口径 A 的最大值 = sin90° = 1。但是,在

物镜制造中,实际上可以达到的最大孔角为 144°, $\alpha = 72°$,故实际的空气镜头的最大值口径 $A = N\sin72° = 0.95$ 。假如观察时所用介质是浸油(多用香柏油, $N = 1.515$),数值口径 A 就可以增大,即 $A = 1.515 \times \sin67° = 1.515 \times 0.92 = 1.425$ (油浸物镜的最大孔角为 67°)。数值口径 A 增大,解像能力也增大,所以油浸物镜观察矿物较干燥物镜明显得多。若采用其他介质,则数值孔径也随之变更。

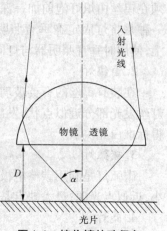

图 1-4　接物镜的孔径角

物镜的放大倍数有的用符号" × "表示,如 10 × 即放大 10 倍,通常将"×"省去仅刻上数字;也有不刻放大倍数而刻焦距 F 或 mm,如 F5.2 表示焦距 5.2 mm。数值孔径通常用"N. A"表示,在物镜外壳上一般直接写数字,如"10/0. 20"表示放大 10 倍,数值孔径 0.20。一般物镜的放大倍数和数值孔径值标记在物镜的金属外壳上。数值孔径值为 0.05 ~ 1.40,但由于残余像差的存在,物镜的实际分辨率往往低于其理论值。

显微镜下能否分辨出细小物体或细节,关键在于物镜的分辨率,而不是物镜的倍数,如果不提高物镜的分辨率,只是增大倍数,则不可能看出更多的细节。但也应注意使用的目镜倍数不能太低,因为太低会使显微镜的总放大倍数变小而影响了物镜分辨率的充分利用。同一物镜其分辨率随总放大倍数增大而提高,随总放大倍数减小而降低。例如数值孔径 0.65 的物镜,在总放大倍数为 160 × 时,分辨率小至 7 μm,当总放大倍数增至 1 000 × 时,分辨率提高到 1.6 μm。

2. 球面像差与色差

简单的凸透镜放大后所成的像一般是畸形的,畸形程度随着数值口径的增大而增大,这种畸形主要是由球面像差与色差两种现象造成的。

物体光线自透镜中央附近透过所成的像与自透镜边缘透过所成的像不能重合而形成了球面像差。如图 1-5 所示,三对光线聚成三个焦点,愈近光轴的光线折射愈小,因此就离透镜远些;而愈近透镜边缘的光线折射愈强烈,所以焦点距透镜愈近。引起像差的原因是透镜为一球面,因此可用折射率不同的光学玻璃经计算后制成正(凸)负(凹)透镜组合在一起,使两种透镜所成的球差恰好相反而抵消,以此来改正透镜的球差,但通过像差消除得不很完全,多少还残余一些。

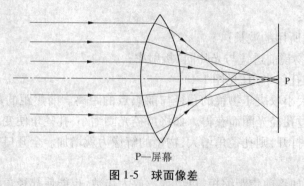

P—屏幕

图 1-5　球面像差

色差是由白光中不同波长的色光透过透镜时具有不同的折射率而引起的,由于折射率的不同,白光中的各种色光通过透镜后不能聚焦于一点而产生了色散。如图1-6所示,同一光源点的光透过透镜后,红光成像于c处,绿光成像于b处,蓝光成像于a处,因而使得物体的像显出红色或蓝色的边缘。纵向色差会使物体影像产生虹状的彩色边缘,因此必须进行校正。

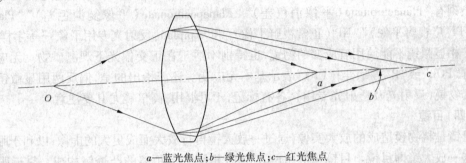

a—蓝光焦点;b—绿光焦点;c—红光焦点
图1-6　纵向色差

色差通常与球面差同时校正,即用折射率和半均色散系数不同的玻璃经计算后制成正负透镜组合,可以同时校正大部分球差和色差,这种透镜组合叫消色差透镜,它通常只能将红光和蓝光聚焦于一点,绿光的焦点略有偏移,而紫光则偏移更远。这种残存的色差仅对高倍物镜有些妨碍。用萤石和重钡冕玻璃透镜组合可消除残存的色差,这种透镜组合叫复消色差透镜。由于萤石在磨制过程中很难避免应变,因此制成的透镜或多或少都有异常非均质效应,故这种物镜不宜用于偏光观察。

3. 物镜的种类

通常物镜也可按性能和使用条件进行分类。

(1)按所用观察介质的不同分为干燥物镜(空气、干)与浸没物镜(油、水),干燥物镜观察介质为空气,浸没物镜最常用的是油浸物镜(Oil),介质为不易腐蚀镜头的香柏油,$N=1.515$,此外浸没液还有水$N=1.333$,二碘甲烷$N=1.742$,它们分别称为水浸物镜(W)和二碘甲烷浸物镜(Meth-iodide),浸没物镜的金属外壳上都刻有标记,标明该物镜能用哪种浸没液。

使用油浸物镜的方法:用细玻璃棒或滴管滴一滴浸没液至浸没物镜前透镜上,滴液时细棒切不可碰到透镜以免划伤,然后将物镜套在显微镜上对准焦距即可观察。观察完后,矿物与物镜上的浸油必须用干净棉球沾上高级无色透明汽油擦净,切不可用酒精擦拭。

(2)根据像差校正程度,可将物镜分为消色差物镜、复消色差物镜、半复消色差物镜和平像物镜。

消色差物镜使可见光中的红光与蓝光聚焦于一点,而黄绿光则聚焦于另一点(靠近红蓝光的焦点),所以基本上校正了上述色光的色差与球差,但对其红、蓝光以外的各种色光的色差未予校正,消色差物镜一般不刻符号。复消色差物镜基本上能把可见光谱中的各种色光聚焦于一点,同时也校正了球差和其他像差,这种物镜性能好,适用于各种倍数的观察及摄影。但它的构造复杂,是用特殊的光学玻璃或萤石配合光学玻璃制成的。其物镜外壳上刻有"APO"或"Apochromatic"等字样。半复消色差物镜的构造与消色差物镜相同,仅其中的冕玻璃透镜采用萤石替代。半复消色差物镜成像的完善程度,介于消色差物镜与复消色差物镜之间,它可消除二级光谱,但色球差、慧差都不能校正。半复消色差物镜框上刻有"FL""Neofhluar"或"Fluoritc"等字样。

　　由于上述物镜都有像场弯曲,并且倍数越高越严重,新型显微镜大多采用平像物镜。这种物镜与普通物镜的区别在于多了一组附加物镜(称为对称型或亚对称型结构)。这种结构有利于消除像散和像场弯曲及畸变差,其特点是它们所成的影像基本上是平的,不会产生视野中心与边缘不能同时准焦的现象,因此利于观察和显微摄影。其识别标志是在它的金属框上刻有"Planachromate(平像消色差)""Planapochromate(平像复消色差)""Plan(平像)""Pl(广视野平像)""NPl(正常视野平像)"和"Epiplan(反射光专用平像)"等字样。

　　矿相显微镜不能使用有应变的物镜,也特别不适于在正交偏光下观测矿物。无应变物镜标有"POL"或"P"等字样;"(P)"表示基本无应变。还需指出的是,偏反两用显微镜中备有两套物镜(反射光及透射光专用),各有标记,不可混用,高倍镜尤其要注意。

(四)目镜

　　目镜是将物镜造成的放大实像,通过一放大镜再行放大而成更大的虚像,以利于眼睛观察。这一放大镜即目镜。目镜一般由两片(组)相距一定距离的凸透镜构成。靠近眼睛者称接目镜,靠近视场者称接物镜。

　　接目镜的放大倍数是用人眼的明视距离(250 mm)除以接目镜的焦距(f_e)。

　　显微镜总的放大倍数 = 物镜放大倍数 × 接目镜放大倍数。

　　按目镜的结构及像质优劣,目镜分为以下几种。

1. 惠更斯目镜

　　惠更斯目镜系由两个平凸透镜组成,凸面均朝下,接目镜比场透镜的直径小,目镜的焦点位于两透镜之间(焦点平面上装有一金属框,可置目镜微尺或十字丝),此种结构均称负目镜,见图1-7(a)。惠更斯目镜的优点是可以完全消除本身的横向色差,但对球差和纵向色差不能很好校正放大倍数,最大不超过 10 ×,且镜目距较小,观察时人眼要紧贴目镜,尤对戴眼镜者极不方便,因此渐被平像目镜所代替。

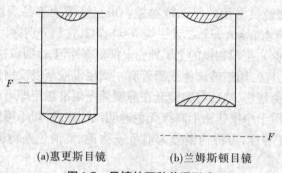

(a)惠更斯目镜　　　　　　　(b)兰姆斯顿目镜

图1-7　目镜的两种普通形式

2. 补偿目镜

　　补偿目镜系由惠更斯目镜演变而成,它将惠更斯目镜中的接目镜,由平凸的单透镜换成了胶合的双凸透镜,场透镜一般仍是平凸或双凸单透镜。此种目镜也属于负目镜。它一般是与复消色差物镜或半复消色差物镜配合使用,因为复消色差物镜形成的蓝像比红像大,而补偿目镜设计红像比蓝像大,故抵消了复消色差物镜的横向色差。它也可以与萤石物镜及高倍消色差物镜配合使用。这种镜目距稍大,缺陷是像场弯曲严重。补偿目镜倍数为 5 × ~ 3 ×,其外壳上常刻有"C""Compens"等字样。

3. 兰姆斯顿目镜

兰姆斯顿目镜由两个焦距相等的单透镜凸面相对组合而成,目镜的焦距在物镜之下故称正目镜,见图 1-7(b)。在它的焦点平面上安装可移动的测微尺和比较棱镜;可用于制作测微目镜和视测光度计。由于测微尺与物镜同样是两个透镜放大的,因此基本上没有像差。但这种目镜不能全部消除横向色差。若把该目镜的接目镜换成胶合透镜,以消除残余色差,即为卡尔纳(Kellner)目镜,这种目镜的球差和纵向色差及畸变都比兰姆斯顿目镜小。卡尔纳目镜外壳上刻有"O""Orth""Opt"等字样。

由于近年来设计出平像补偿目镜,故上述目镜除较旧型显微镜可附有外,新型显微镜已不采用。

4. 平像目镜

平像目镜也是一种补偿目镜。由于惠更斯目镜和兰姆斯顿目镜都不能完全消除像场弯曲,因此视野的中央部分与边缘部分不能同时准焦,这一现象在高倍放大时尤为突出。平像目镜可将其本身的像场弯曲消去但不能校正物镜的场曲,因此与复消色差物镜配合使用时,像场弯曲稍好些,只有与平像物镜配合使用,才能完全消除。平像目镜倍数为 8× ~25×,外壳上刻有"PLANOSCOPIC""PERIPIAN""KPI""GW""GF"等字样。

二、矿相显微镜的调节、使用和维护

矿相显微镜的调节主要包括物镜中心校正、光源和垂直照明系统的调节、偏光系统的调节以及偏光系统校正等四个部分。不论显微镜性能如何,在使用前必须加以调节,使其各部件位于正确位置,才能进行有效的观测。

(一)矿相显微镜的调节

1. 调节光源

目前一些新型显微镜的灯是安装在镜体上,如安装在垂直照明器的前端和灯室中。调整方法是转动灯室和灯头的螺旋使光源点与进光管在同一水平线上,直至视野中亮度均匀、亮度最大为止。

对不与镜体连接的活动光源,其调整方法是升降镜筒使物镜的焦点大致在光片面上,然后将活动灯(蒙拉灯)在立柱上固定到使光线正好水平地射进垂直照明器的进光管中,有时须转动灯光和前后移动聚光镜,使视域亮度强且均匀。

2. 反射器的调节

缩小视野光圈后转动反射器的横轴。其小亮点应严格平行目镜十字丝的竖丝移动,然后使小亮点位于视域中心,并被十字丝平分,即表示反射器的位置及倾角(45°)已调正。现在一些新型显微镜,反射器固定在横轴上(处于正确位置)不能自行调整。

3. 调节孔径光栏和视野光栏

由于孔径光栏直径大小与物镜分辨率和像质关系极为密切,故使用时其大小应随物镜放大倍数不同而异。用低倍镜时,应使它在物镜最后界面上的像为物镜框的 2/3,中倍镜为 1/2,高倍镜为 1/3。实践证明,若孔径光栏大小超越这一界限而开得太大,则分辨能力会因耀光增强而明显降低。若进行显微照像或粒度测量,还要在以上限度基础上再适度缩小,以利加大景深,减少由于光片表面不平引起的误差。

视野光栏的调节需首先缩小光圈并调至十字丝中心,若光圈界限模糊不清或带有红、蓝等颜色,转动视野透镜至视野界限清晰和无色边为止,重新开大光栏至视域周边,不可再大。

4. 偏光镜振动方向的检验与校正

检验偏光镜振动方向通常是将石墨或辉钼矿非底切面的光片置于载物台上,在单偏光镜下(仅用前偏光镜或上偏光镜)转动载物台,使矿物晶体延长方向(高反射率方向)处于最亮位置时,其延长方向即为前偏光镜振动方向。此时矿物的延长方向恰好平行十字丝呈东西向;若非如此,需先使矿物延长方向平行十字丝东西方向后,再转动前偏光镜至矿物最亮时,此时前偏光镜即处于东西向。

检查二偏光镜是否严格正交的方法是:先用上述方法确定前偏光位置,再推入上偏光镜上述矿物呈最暗(消光);当载物台旋转一周时,出现四次消光,两次之间距严格为90°,同时在各45°方位的偏光色也应完全一致。亦可用黄铁矿在高倍镜下作锥光观察,若偏光图为一完美黑十字,即可证明两偏光已经正交。若非上述两种情况,则表明两偏光未完全正交,须仔细调节上偏光镜,以达到前述要求,并记录前、上偏光镜所处刻度位置,便于备查。

(二)矿相显微镜的操作程序

(1)调整光源。由于大多垂直照明器已固定在镜筒上,只需调整光源,使光源点与进光管处于同一水平线上,此时视野中亮度最大。

(2)安装物镜和目镜。因显微镜的型号不同,故物镜的装法也各异。如 ROW 型显微镜,要顺着接头沟槽横插;而国产 XPA - 1 型等显微镜的物镜是拧上弹簧来安装的;也有的是以物镜螺纹拧在镜筒的物镜接头器上或旋转盘上的。

(3)安装和开启照明灯。必须牢记低压的白炽灯或卤钨灯不能直接插入 220 V 的电源插座,一定要经过变压器,否则会立即将灯泡烧毁。

(4)安装光片于载物台上,再用变压器压平光片,然后将载玻片置于载物台上,调动镜筒或升降物台准焦。

(三)矿相显微镜的维护

(1)任何部件、附件的螺旋不应乱搬硬拧,须仔细找出原因(卡住、已旋到极限或拧错方向等)后妥善处理。

(2)显微镜的部件不能混用,不论同型号或不同型号的显微镜都不能混用。

(3)显微镜保存温度要适宜,一般在 -4 ~ +20 ℃。不要过冷或过热,以免胶合层的树胶龟裂、偏振片老化和润滑油失效。

(4)偏光镜,尤其是冰洲石做的偏光镜须轻推轻拉,镜头装卸也要轻上轻下,切勿剧烈震动以免造成应力不均,脱胶损坏。

(5)要注意保持严格清洁。所有透镜及偏光镜都不可用手指或一般纸及织物擦拭,只能用擦拭纸或脱脂棉轻轻擦拭物镜、目镜透镜的外表面。切记各种镜头被油垢污染。若镜头发霉或长了雾,要以擦拭纸浸润二甲苯酒精混合液予以擦拭。

总之使用者应爱护显微镜,以延长其使用寿命,保持其性能。

■ 第二节　光片的制备

矿石光片是矿相学研究的基本对象。光片质量好坏,直接影响到对矿石和矿物的观察、鉴定和研究。因此,对矿石光片的质量要求有如下几点:①光片表面应平滑如镜,不应有小坑凹隙、细裂缝和粗大擦痕存在。②同一矿物无论在光片的中央部分还是边缘部分,其磨光程度应完全相同,一样精细。③在光片中,硬矿物和软矿物的相对突起不应过于明显。

光片质量受矿物的磨光性能,主要是抗磨硬度、脆性、韧性等因素影响,但主要取决于磨粉的硬度、形状、粗细及分选程度,磨盘的硬度及平滑度,润滑剂的适用程度,操作技术等诸方面因素的影响。

磨制光片主要包括选样、截锯、粗磨、细磨、抛光、编号等几道工序。

一、选样

矿石标本在制片前,必须仔细选择,使制成的光片能合乎研究要求。如需要定向切片,就须选平行或垂直一定晶轴的方向切片;要研究某一矿脉的矿物共生和生成顺序,切片方位就应选取垂直脉壁和平行脉壁的两方位。标本的切面方位选好后。用色笔将方位标出,对于疏散的矿石标本,应先用松香、胶、漆等胶固后,再锯开磨制。散粒的矿粉、矿砂等须用火漆、电木粉或托粉胶固后再进行磨制。

二、截锯

其设备与切岩石薄片的完全相同,是用金刚石砂轮切割矿石,它可自动或手动进给,操作方便。一般光片为宽2.5 cm、长1 cm左右的长方块,对有特殊意义或稀少矿物、特殊构造结构的标本,可切成较大的块,或视矿石的形状而定。

三、粗磨

将截锯好的光片粗坯用水冲洗尽金刚砂后,即可放到磨光机上粗磨。粗磨转速为1 000~1 500 r/min。粗磨分两道程序,第一道用150号(直径100 μm)金刚砂磨2 min后,使粗坯完整定型后,用水冲洗干净进行第二道程序。第二道是将粗坯搬到另一磨盘上用180号(84~63 μm)、220号(75~53 μm)等更细的金刚砂磨1~2 min后即可转入细磨。

四、细磨

细磨在光片制作中是一个比较重要的阶段,对光片的质量起决定性的作用。光片在细磨时须换3~4种材料。第一步用10~20 μm的磨料,第二步用5 μm的磨料,第三步用2 μm的磨料,第四步用1 μm的磨料,每完成一步转入下一步时均需用水将手和光片冲洗干净,以免使前一步的磨料带入后一步的磨料中,前三步各需3~5 min,第四步须10 min。磨毕放在灯光或日光下观测,若能反射一定光线即可转入抛光阶段。

五、抛光

把细磨好的光片放在蒙有帆布、尼龙或法兰绒等纤维织物的金属转盘上,涂以氧化铬、氧化铁或氧化镁,以1 000~1 500 r/min的速度进行抛光,磨平细磨后留下的不平表面,使其光片面平滑如镜。

抛光时对不同硬度的矿物应考虑采用不同的蒙布和抛光粉。一般硬矿物如黄铁矿、磁铁矿、毒砂等应以帆布、尼龙布或纺绸为宜。抛光时用1 μm左右的氧化铬墨粉,再用0.8 μm左右的氧化镁粉磨十几分钟至半个小时。对较软的矿物像碳黄铁矿、黄铜矿、方铅矿等磨光时,应以较细密的纤维织物如高级呢绒为宜。先用 1 μm 左右的氧化铝磨粉,再用氧化铁粉磨几分钟即可。倘若软硬矿物连接在一起,则先应用帆布盘磨好硬矿物后再用法兰绒盘磨软矿物,硬矿物一般需磨半小时,软矿物则需磨几分钟。

六、编号

光片磨成之后,须随即编号,以免造成光片与标本搞混。编号可先在光片边上涂上白漆,然后用绘图墨水写上编号即可。

七、光片的安装

首先需将光片的光面固定在水平位置。固定方法是用胶泥或橡皮泥粘着光片底部放到载玻片上,再用压平器压平即可。

须注意的是,光片的磨光面暴露在空气中,易受污染,沾污灰尘,所以在每一次观察前,应用麂皮等擦净或用呢绒擦板上沾氧化铁或氧化铬的粉末擦试干净。

第二章　吸收性晶体光学基本原理

■ 第一节　光的基本概念

一、光的性质

　　光是电磁波的一种可见的光波,其电磁场在垂直于光的传播方向上做出周期性的振动,是由于价电子在原子、分子内振动,放出与它本身固有频率相等的电磁波。电磁波是电场和磁场随时间在空间的交替变化,即是电磁场的传播过程(见图 2-1)。用电矢量(电向量)E 和磁矢量 H(或 M)分别表示它们的强度变化。

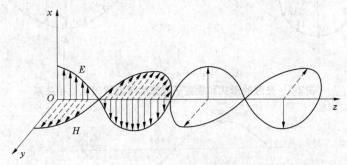

z 轴为光的传播方向;E 为电场振动样式;H 为磁场振动样式;E、H 两者的振动是相互垂直和同位相的

图 2-1　光的传播

　　电磁波的范围很大,可见光在整个电磁波谱中仅占极其小的一部分,是物质分子或原子内的电子发射出来的。可见光及其附近的红外线领域和紫外线领域的波长及与颜色的关系见表 2-1。

　　可见光不仅以一定的速度向某一方向传播,同时在垂直于传播的方向上做往复的谐振动,由谐振动与直线传播运动合成的光波具正弦曲线的波形,这种形式的光波可用参考点在参考圆上的圆周运动来说明。如图 2-2 所示,质点的运动投影于与光路垂直的圆周直径。圆周的半径等于光波的振幅。光波上的 A 点,相当于圆周上的参考质点从原始位置 1 到位

表 2-1　　不同光谱区域的波长范畴

光谱区域		波长(Å)
红外线领域		$7.6 \times 10^3 \sim 7.5 \times 10^6$
可见光领域	红	7 600 ~ 6 200
	橙	6 200 ~ 5 900
	黄	5 900 ~ 5 600
	绿	5 600 ~ 5 000
	蓝	5 000 ~ 4 800
	青	4 800 ~ 4 500
	紫	4 500 ~ 4 000
紫外线领域		4 000 ~ 50

注:1 Å = 10^{-4} μm = 10^{-8} cm

置 2 的运动,此运动的角度为 30°。某质点在光波上的位置,即为该质点的位相。所以,C 点的位相是 90°,E 点的位相是 270°,F 点的位相又回到原始位置 A 点,故为零。由于参考圆的 1 周即投影原点至 D 点的波长 λ,因此光波的位相也可用波长表示在图 2-3 中,B 点的相位是 λ/4,C 点为 3λ/4。若两光波沿着平行的光路行进,但相位却不相同,可相差 30°、45°、90°、180° 等。图 2-3 表示两光波位相相差 90° 的情况。

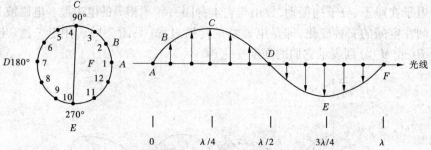

图 2-2　光波的形式和垂直于光路的振动情况及位相关系

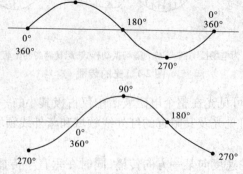

图 2-3　两光波沿着平行的光路行进,但相位差 90°

二、光的偏振

以上普通光的性质说明了光是一种横波,其振动方向与传播方向垂直。而普通的自然光是由无数个光波组成的,在所有可能的方向上,光的振幅都相等,且每个光波都有自己的振动面,即自然光的振动方向,在垂直传播方向的平面内是任意的。由于我们对矿物的观测大多在偏光中进行,故必须了解光的偏振情况。通过起偏器,可以从自然光中获得偏振光,对于偏光,其振动方向在某一瞬间被限定在特定方向上,见图2-4。偏光有三种主要形式:平面偏光(直线偏光)、椭圆偏光和圆偏光。

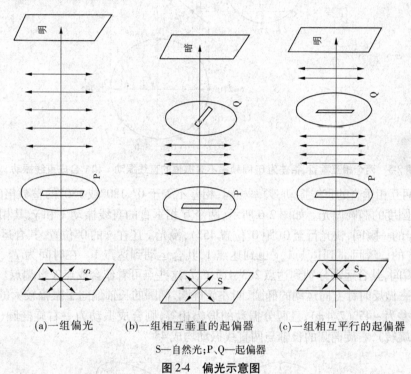

(a)一组偏光　　　(b)一组相互垂直的起偏器　　　(c)一组相互平行的起偏器

S—自然光;P、Q—起偏器

图2-4　偏光示意图

(一)平面偏光(直线偏光)

平面偏光是指由局限于包含光路的一个平面内振动的偏光,这个面称为振动面,因为沿着光线传播方向看去其振动的轨迹成一直线,所以也叫直线偏光。

平面偏光可由吸收作用、双折射作用和反射作用产生。若在同一平面内振动的两组光波,沿着同一光路行进,将发生干涉作用。若两组光波位相相同,则发生加强,所合成的光波振幅等于两组原始光波振幅之和。若两组光波的振幅相同,位相相反,则互相抵消,结果造成黑暗。

(二)椭圆偏光和圆偏光

设有两组振动面互相垂直的平面偏光,沿同一光路行进所产生的合成光波可能有三种情况。

(1)任何两个相互垂直的直线振动,频率相同,若相差为$0°$或$180°$的倍数,合成光波仍为一平面偏光。如图2-5所示两个互相垂直的直线振动 x 和 y,在时间为 T_0 的一瞬间两光波都正好达到0,此时的位相都为$0°$,其合运动到达 A_0;在 T_1 的瞬间两光波都前进$45°$的位相,都到达1,其合运动到达 A_1。随着光波的前进,其合运动经 A_2、A_3、A_4、A_5、A_6、A_7 后又回到 A_0(经过

360°的波动），合成电矢量端点的轨迹为一直线振动，是介于两分振动之间的一直线振动，若两分振动的振幅相等，则合成直线振动的方向与分振动成45°，若两分振动的振幅不等，则合成直线振动的方向偏向于振幅较大的分振动的方向。若相差为180°及其奇数倍时，合成振动的轨迹仍是直线，但其振动方向已转至二、四象限。

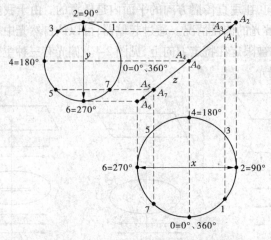

图2-5　两个相互垂直、相差为0°同频率不等振幅的直线振动x和y合成直线振动z

（2）若两互相垂直的直线振动，频率相同，相差不等于0°、180°或180°的整数倍时，即合成各种不同椭圆度的椭圆偏光。如图2-6所示，两个互相垂直的直线振动x和y，其相差为45°，在时间为T_0的一瞬间，快光行至0（距0°位置45°），慢光y还在y的0°位置，其合运动到达0；在时间为T_1的一瞬间，x到达点1，y也到达点1，其合运动到达点1。在时间为T_2、T_3、T_4、T_5、T_6、T_7的各瞬间，其合运动分别到达点2、3、4、5、6、7，这些点可看作合成点矢量端点。其合成运动的轨迹为一做反时针方向运动的椭圆，叫左旋椭圆，椭圆的长轴偏向于振幅较大的分振动的方向。若相差为$-45°(7/4\pi)$，且两分振动的振幅相等，则合成振动为一右旋椭圆（合矢量作顺时针方向旋转），右旋椭圆的长轴与两直线振动均成45°。

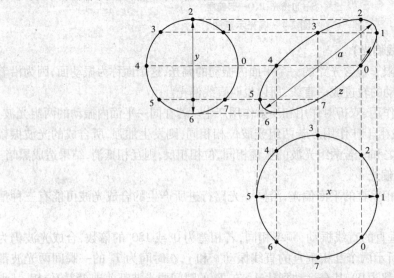

图2-6　两个互相垂直、同频率、不等振幅、相差为45°的直线振动x和y合成一左旋椭圆振动z

（3）若两光波的振幅相等、同频率，其相差为 90°或 90°的奇数倍，两个互相垂直的直线振动叠加，则合成为一圆振动，如图 2-7 所示。此种圆振动的产生是第二种情况的特例，即振幅相等、相差为 ±90°时出现的特殊情况。此圆又有两种情况：两振幅不等，则合成振动为一左旋椭圆，其长、短轴分别与振幅较大和较小的分振动一致；若相差为 $-90°(3/2\pi)$，其振幅不等，则合成一个右旋椭圆，其长、短轴也与坐标轴较大、较小分振动一致。两振幅相等，则合成一个左旋圆振动；若相差为 $-90°$则合成一个右旋圆振动，见图 2-8。相差为 45°的直线振动 x 和 y 合成一左旋椭圆振动 z。

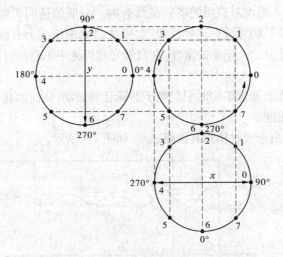

图 2-7 两个互相垂直、同频率、等振幅、
相差为 ±90°的直线振动 x 和 y 的叠加，合成为一左旋圆周振动 z

在以平面偏光入射的条件下，从矿物光面反射上来的是直线偏光、椭圆偏光还是圆偏光，通过转动分析镜的方法即可加以鉴别。若为直线偏光，当转动分析镜，其振动面与反射光波的振动垂直时，出现"全消光"；若为椭圆偏光，则转动分析镜至任意位置也不会出现真正的消光现象，而只有明暗之分，当分析镜的振动垂直于振动椭圆的长轴（即平行于短轴）时，所见光线的强度最小（相对最暗），当分析镜的振动垂直于振动圆的短轴（即平行于长轴）时，所见光强最大（相对最亮）；若为圆偏光，转动分析镜至任何位置，光强度不变，见图 2-8。

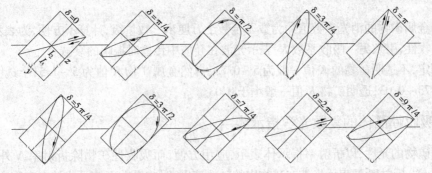

图 2-8 同频率、不同周相及振幅的两个相互垂直的振动的合成示意图

■ 第二节　矿物的吸收性及吸收性晶体复数光学指示体

一、矿物的吸收性

矿物的吸收性是指光波射入矿物后,其强度随之递减的现象。

矿物根据透光性和吸收性可分为透明矿物和吸收性矿物两类。当光波射入矿物后,能自由透过的,叫透明矿物。但绝对透明的矿物是没有的。一般的透明矿物都具有或多或少的吸收性。若矿物对不同波长的光波有选择性吸收,则在白光中便成为有颜色的透明矿物。若矿物的厚度为数百至几千分之一毫米的薄片,在自然光或灯光中不透明时,称为不透明(吸收性)矿物。

光的吸收是由于光波通过矿物时引起电子的跃迁和振动,从而消耗了入射光的能量,并把它转化为反射光能和热能。

光波进入矿物后,由于吸收作用其振幅递减,如图2-9所示。

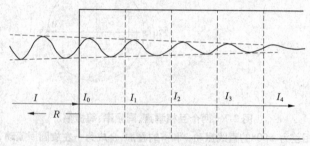

图 2-9　矿物对光波的吸收示意图

假定入射光强为I,当光波投射到矿物表面后,一部分光强R被反射,一部分光强I_0进入矿物内部,则光强$I_0 = I - R$。

若将矿物按单位厚度分层,当光波透过若干分层后光强降低。从透射的角度研究矿物的透射性质,矿物透射系数愈小,则光的强度减弱得愈快。当矿物的厚度很小时,单位厚度所吸收的入射光强为消光系数。设光波透过一个无限小的薄层后,因吸收作用使光波强度减小,则光波强度减小值必定与进入该层的光强及透过该层的厚度成正比。这就是朗勃特的吸收指数定律。

由于金属矿物的消光系数值约为数万至数十万厘米$^{-1}$数量级,计算不方便,为表示吸收性晶体的吸收性,引入另一吸收系数K,表示光波在介质中传播时振幅的衰减。

据测定,不透明矿物的K值一般为$5 \sim 0.73$;自然金属矿物K值为$5 \sim 1.5$;半透明矿物的K值为$0.73 \sim 0.03$;透明矿物K值一般小于0.03。

二、吸收性晶体的复数光学指示体

透明矿物的光性,以折射率指示体表示,应用方便,而吸收性矿物除折射率N外,还包括吸收系数K。折射率N表示光波在矿物中的转播速度;吸收系数K表示光波在矿物中的衰减,吸收性非均质矿物与透明非均质矿物相似,其N和K也有方向性,因此吸收性非均质矿物的光学性质随传播方向的改变不仅取决于折射率N,也取决于吸收系数K。

吸收性矿物的光学指示体由 N 和 K 两个立体壳层互相穿插组成,形成一椭卵体,因此较透明矿物光率体复杂得多。吸收性矿物的真正光率体为数学概念"复数指示体"所代替。复数指示体的放射状向量 – 复数折射率 N' 是一复数,其一般形式为 $N' = N – ik$。n 为折射率;$i^2 = -1$,是一虚数;K 为吸收系数。n 为实数项,i、k 为虚数项。这种复数指示体可以理解为两个主轴彼此平行的三轴椭球体的结合,它们各自的长轴彼此相交,通常为90°。

现将复数光学指示体的体征及其对光波的反射与偏振情况简述如下。

(一)高级轴(等轴晶系)

均质吸收性矿物的复数光学指示体由两个同心球状壳层组成,一个壳层半径向量代表 N,另一个半径向量代表 K,由 N 与 K 壳层做出第三个反射率 R 的壳层 N,见图2-10。N、K、R 为完全对称性,光波垂直照射在晶体表面上,除光波振幅减弱一点外,光波的行进和偏振化的性质完全与透明矿物相同。由于在垂直入射时对光的反射无方向性,因此对垂直入射的平面偏振反射时仍为平面偏光,其振动方向也不改变。

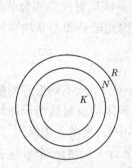 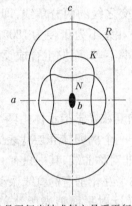 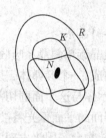

(a)等轴晶系及垂直一轴晶光轴　　　(b)轴晶平行光轴或斜方晶系平行光学　　(c)单斜晶系平行(010)的复数光学
　　的光学指示体的切面　　　　　　对称面的复数光学指示体的切面　　　　　指示体的切面

K 代表吸收系数壳层;N 代表折射率壳层;R 代表反射率壳层

图 2-10 不透明矿物的光学指示面示意图

(二)中级晶(一轴晶)

属于中级晶族的六方、三方和四方晶系吸收性晶体的复数光学指示体由两个旋转的椭卵体构成,两个椭卵体的旋转轴重合,并与光轴(c 轴)一致,但这二转轴长度不等,见图2-10(b)。两椭卵体有共同的对称中心,一个椭卵体壳层代表 N,另一个代表 K。对 N 椭卵体,c 轴的长度代表主折射率 N_c,a、b 轴方向的长度代表主折射率 N_o;对 K 椭卵体,则分别代表 K_c 和 K_o;最外面的 R 椭卵体,则代表 R_c 和 R_o。中级晶复数光学指示体的横切面与均质吸收性晶体相同,而其他方向切面将垂直入射光分为互相垂直的两个直线。

方向与入射平面振动平行或垂直时,仅显示两个方向反射强度(反射率)的差别,而不发生偏化性质或振动方向的改变,若晶体的两振动方向与入射平面偏光振动方向斜交,则因 R_o 与 R_c 之间有非 0 和 π 的相差,从而将合成一椭圆振动。

(三)低级晶

1. 斜方晶系

斜方晶系吸收性复数光学指示体由两个不同大小、不同形态的三轴椭卵体构成。一个椭卵体壳层代表 N,一个代表 K,每一个椭卵体各有 3 个互相垂直的主轴,二椭卵体的主轴均分别

与结晶轴重合,见图2-10(b),故有3个互相垂直的光学对称面。在斜方晶系吸收性晶体中,光学投射在平行或垂直于任何一个对称面的切面上时,都与一轴晶平行光轴的切面相同,有两个互相垂直的直线振动方向,转动物台一周有4个消光位(此时为反射平面偏光),非消光位时则都为合成反射椭圆偏光。

上述两种情况的产生,是由于垂直光波行进方向的平面与复数光学指示体切割面而成的面的性质决定的。在光学对称面中反射的光波 N 壳层的主轴与 K 层的主轴重合。因而两主轴方向为直线振动。如光波沿任何一方向行进,其横切面上 N 壳层的主轴与 K 壳层的主轴不重合,因此上述的直线振动变为椭圆振动。这种两互相垂直的椭圆振动的切面在正交偏光下没有真正的消光,只有四个最小刻度的位置。

斜方晶系透明矿物对平面偏光的反射情况较为简单。垂直光轴的切面如同透明均质矿物,显反射均质性。平行或垂直光学对称面时,直线振动的振动方向与光学主轴的方向一致。其他任何方向的切面均有两个互相垂直的振动方向,其振动方向取决于包含主光轴和切片法线所成的两个直面,与二轴晶切面相交之线的两分角线,即为切面上的两互相垂直的振动方向。由于透明矿物在各种入射条件下相差不为0°便为180°,因而其合成反射光波都为平面偏光,只是由于两垂直振动方向的反射率不等,而发生合成反射平面偏光振动面的非均质性旋转。

2. 单斜晶系

低级晶族单斜晶系吸收性晶体的复数光学指示体由两个基本不同大小、不同形态的椭卵体壳层构成,一个椭卵体壳层代表 N,一个椭卵体壳层代表 K,二椭卵体构成复数指示体的对称面,指示体与这个面的切割曲线并非对称曲线,其中只有一个对称中心,见图2-10(c)。垂直入射于切面的平面偏光将被分解为两个互相垂直的直线振动,一个平行于 b 轴,一个平行于 ac 面,因而转物台一周将出现四次消光(反射平面消光所致)、四次明亮(合成反射椭圆偏光所致)。其他任何方向的切面,反射振动都将椭圆偏化成两个相互垂直的椭圆振动。

透明单斜晶系矿物对平面偏光的反射情况也比较简单,垂直光轴的切面同均质矿物一样,显反射均质性,平行于 ac 面的切面,两相互垂直的直线振动平行于两光学主轴。其他任意方向也有相互垂直的直线振动方向,其具体方向取决于拜阿特－弗雷涅尔定律。由于相差不为0°便为180°,因而其合成反射振动都是平面偏光,只发生合成反射平面偏光振动面的非均质性旋转,不发生偏光状态的改变。

3. 三斜晶系

低级晶族三斜晶系吸收性晶体的复数指示体由两个不同大小、不同形态的椭卵体壳层构成,一个代表 N,一个代表 K,两椭卵壳体层只有一个共同的对称中心,且其方位随波长变化而变化,其主光轴不再有相互平行与垂直的情况。对有一定波长的光直线振动仅可能沿特定方向,这些特定方向随波长而变化,并与结晶要素无规律的关系。三斜晶系的吸收性矿物,其入射的平面偏光都将被椭圆偏化。

第三章 矿物的反射率和测定方法

学习目标

本章引入反射率的概念,探讨了反射率形成机制,介绍了决定矿物反射率的因素,论述了反射率的测定方法。通过本章学习,学生能够掌握矿物反射率的基本概念,了解反射率产生的基本原理,掌握不同矿物反射率高低的判定的基本方法。

第一节 矿物的反射率

一、反射率的基本概念

在反射偏光显微镜下,矿物光片对垂直入射光的反射能力称为反射力,具体表现为矿物在镜下的光亮程度。表示反射力大小的数值叫作反射率,通常以百分数表示,可以写成下式:

$$R = \frac{I_r}{I_i} \times 100\% \tag{3-1}$$

式中 R——矿物的反射率;

I_r——反射光强度;

I_i——入射光强度。

由式(3-1)可见反射率 $R < 100\%$。当入射光强度 I_i 一定时,反射率 R 与反射光强度 I_r 成正比,即反射出的光亮多,反射率高,镜下视域亮度亦高;反之,反射出的光亮少,反射率低,镜下视域亮度就弱。垂直入射光照射到矿物的光片上,不同矿物对同一强度的入射光的反射能力是各不相同的。因此,金属矿物的反射率如同透明矿物的折射率一样,是鉴定金属矿物最重要的光学数据。

矿物的反射率 R 为其折射率 N、吸收系数 K 和浸没介质的折射率 N_s 的函数。

根据 A. Fresnel 公式,均质矿物的反射率:

$$R = \frac{(N - N_s)^2 + K^2}{(N + N_s)^2 + K^2} \tag{3-2}$$

式中 N——矿物的折射率;

N_s——浸没介质的折射率;

K——吸收系数。

由式(3-2)可知,反射率 R 随矿物的折射率的愈大于或愈小于浸没介质的折射率而增大,并随矿物的吸收率(或吸收系数)的增大而增大。

赖特根据矿物的折射率 N、吸收系数 K 和反射率 R 的关系作出了如图 3-1 所示的曲线图。从图 3-1 中可以看出,矿物的反射率随折射率的愈大于 1 和愈小于 1 而增大,随吸收系数的增大而增大。吸收系数小于 0.5 时,反射率主要取决于折射率,随着吸收系数愈大于 0.5,K 对 R 的影响也愈大。

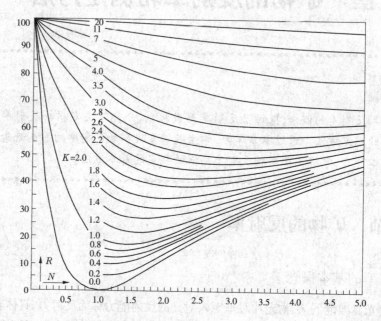

图 3-1　吸收性物质在垂直照射光下的反射率 R 与折射率 N 和吸收系数 K 的关系

二、透明矿物和不透明矿物的反射率公式

由于透明矿物和不透明矿物的吸收系数差别很大,故应用式(3-2)时有下列两种情况。

(一)透明矿物的反射率公式

透明矿物的吸收系数极小,为 10^{-4},故可忽略不计,即 $K = 0$,上述式(3-2)则可写成

$$R = \frac{(N - N_s)^2}{(N + N_s)^2} \tag{3-3}$$

式(3-3)表示,透明矿物的反射率 R 取决于矿物的折射率 N 和观察介质的折射率 N_s。
假如在空气中观察,则

$$R = \frac{(N - 1)^2}{(N + 1)^2} \tag{3-4}$$

均质矿物在任何切面上只有一个相同的折射率,因而也只有一个相同的反射率。以萤石为例计算如下:

$$N = 1.434$$

$$R = \frac{(N - 1)^2}{(N + 1)^2} = \frac{(1.434 - 1)^2}{(1.434 + 1)^2} \approx 3\%$$

非均质矿物中,一轴晶矿物在主切面上有两个主折射率 N_o 和 N_e,因而也有两个相应的主反射率 R_o 和 R_e;而低级晶系矿物,在不同主切面上由于有三个主折射率 N_g、N_m、N_p,故有三个相应的主反射率 R_g、R_m、R_p。现以一轴晶方解石为例计算如下($N_o = 1.65$、$N_e = 1.48$):

$$R_o = \frac{(N_o - 1)^2}{(N_o + 1)^2} = \frac{(1.65 - 1)^2}{(1.65 + 1)^2} \approx 6\%$$

$$R_c = \frac{(N_c - 1)^2}{(N_c + 1)^2} = \frac{(1.48 - 1)^2}{(1.48 + 1)^2} \approx 4\%$$

(二)不透明和半透明矿物的反射率公式

不透明和半透明矿物的吸收系数 K 达 10^{-1}，故不能忽略不计，反射率公式应写成：

$$R = \frac{(N - 1)^2 + K^2}{(N + 1)^2 + K^2} \tag{3-5}$$

与透明矿物一样，均质的不透明和半透明矿物只有一个折射率，故也只有一个反射率。

非均质一轴晶不透明和半透明矿物有两个主折射率 N_o 和 N_c，则亦有两个相应的主反射率 R_o 和 R_c；低级晶系有三个主折射率 N_g、N_m、N_p，相应也有三个主反射率 R_g、R_m、R_p。

三、决定矿物反射率大小的因素

(一)取决于矿物的折射率 N 和吸收系数 K

从图 3-1 可看出，吸收性强的不透明矿物其反射率主要取决于矿物的吸收系数 K，若矿物的 $K > 2$，其反射率 R 的均值 $> 38\%$，而 R 与 N 值的关系不明显。图中可见 $K > 2$ 的各 K 值曲线，从 $N = 1 \sim 5$ 一段近水平状，故 N 值对反射率 R 值影响很小；从 $K < 2$ 递减向下的各 K 值曲线弯曲度逐渐增大，在 $N = 1$ 时，两侧成明显的斜线状，此时 N 值对 R 的影响亦随之增大，直至 K 值近于 0 时，R 值完全取决于 N。

(二)与入射光波有关

矿物的折射率 N 和吸收系数 K 是随入射光的波长不同而变化的，所以在不同波长入射光下测定或计算出的反射率值也不一样。矿物对各种光波的反射率也具有某些特征意义，对不透明矿物鉴定工作很有帮助。国际矿相学会规定，用光电显微光度计测定矿物的反射率值时，要用规定的几种波长的单色，即蓝光(470 nm)、绿光(546 nm)、黄光(589 nm)、红光(650 nm)，对测量的反射率值，必须注明是在哪种波长下测得的。

表 3-1 矿物的反射率随入射光波不同的变化

矿物	反射率 $R(\%)$			
	蓝光 $\lambda = 470$ nm	绿光 $\lambda = 546$ nm	黄光 $\lambda = 589$ nm	红光 $\lambda = 650$ nm
自然金	38.5	77.8	85.5	90.0
自然铜	47.7	55.6	78.6	86.7
黄铁矿	45.8	53.2	54.5	55.4
方铅矿	47.7	43.6	43.0	42.7
黝铜矿	31.0	31.2	31.0	29.2
磁铁矿	20.2	20.0	20.8	20.7

（三）与观察介质条件有关

由反射率公式(3-2)可看出,观察介质的折射率 N_g 不同,会影响反射率的变化。

油的折射率较空气的折射率大,所以在油中观察矿物的反射率较空气中小,但反射率大的矿物因 K 是决定 R 的主要因素,因而反射率降低较小;而反射率小的矿物则与其相反,降低较多,表 3-2 为某些矿物的不同介质(空气和香柏油)中测得的反射率值。

表 3-2   不同介质中某些矿物的反射率($\lambda = 589$ nm)   （%）

矿物	自然铜	自然铂	黄铜矿	方铅矿	黝铜矿	闪锌矿	铬铁矿
空气	83	73	53.5	37.5	24	18.5	12.5
香柏油	80	62	47	25	14.5	5.5	3.5

四、反射率的形成机制

光线照射到矿物光面要产生透射、吸收、折射、反射等光学现象,但不同的矿物发生的这些现象可以有很大的差异,它不仅因为矿物具有不同的化学成分而且因其具有不同的晶体结构。化学成分相同的矿物因其不同的晶体结构即"矿物化学键",其性质产生极大的差异,具有离子键、共价键和分子键矿物,其电子是围绕着离子固定在一定的晶格位置上的,电子的基态和激发态具有一定的能级,而且大多数能级间的能量差比各种可见光"光子"的能量大,因此绝大部分可见光进入矿物透射,只有很小一部分可见光被吸收且反射光很弱,见图 3-2。故这些矿物的反射率很低,一般小于 12%。而具金属键的矿物,电子能量间隔比可见光"光子"能量小得多,同时存在有较多的激发态,其能量差与可见光"光子"能量相当者较多,因而可见光撞击到金属键或部分金属键矿物表面可激发其基态电子到一定的激发态。可见光本身的能量从而被吸收,其中一部分转换成热能被消耗,大部分能量当激发态电子重返基态时再发射出来成为较强的反射光,绝大部分"光子"被反射,因此这些矿物的反射率较高,一般高于 40%。

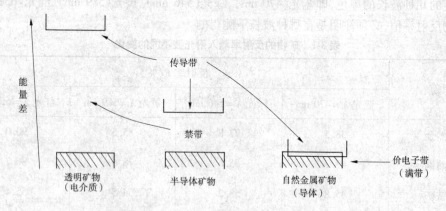

图 3-2   自然金属矿物、半导体矿物和透明矿物能带结构示意图

用近代固体物理中的"能带理论"来解释矿物反射率形成机制则是:"导体"矿物的"能带"是重叠的,外部电子可以在整个晶体中自由运动。它吸收各种能量的可见光,并在返回时大多数电子的能量以辐射光的形式放出强反射光,因而反射率很高,如自然金属, R 都大于 60%。"半导体"矿物的"能带"则由被"禁带"隔开的下部"价电子带"(充满电子)和上部"传导带"

（未充填电子）所组成。当"禁带"宽度小于可见光能量时（如黄铁矿、方铅矿），电子吸收光的能量由"价电子带"跃迁到"传导带"上，返回时放出相当一部分反射光，故显示较高的反射率（40%～60%）。当"禁带"宽度中等时（如辰砂、雄黄），在透过一部分可见光的同时，电子还吸收一部分能量，同时放出一部分小反射光，显示中等的反射率（20%～30%）；当"禁带"宽度大于可见光的最大能量值（紫端）时（如闪锌矿），则可见光大部分透过而不被吸收，因而反射率较低（15%～17%）。上述"禁带"的宽度（能隙的大小），对于硫化物矿物，则取决于金属和硫的"S轨道"和"P轨道"共价键的混合程度，而它又取决于阳离子和阴离子的电负性差别。

■ 第二节　反射率的测定方法

反射率的测定方法主要有光学法、光电法和视测比较法几种。

一、反射率的光学测定方法

反射率的光学测定方法是应用光学仪器对矿物的反光强度与标准物质的反光强度比较，调节仪器并凭借观察者视觉，判断出二者强度相等的仪器指数与计算矿物的反射率。

光学方法中有视觉测微光度计法、贝瑞克（M. Berck）裂隙显微光度仪法及光度目镜法等多种。由于光学方法的测定中是凭目力进行对比，带有主观性，精确度也较差（人目的视测相对误差达2%），但在测定时，电压变化同时影响两光束，所以对稳压等光源要求不高，目前光学测定法只作为半定量或定性测量。下面介绍贝瑞克裂隙显微光度仪测量法。

仪器装置：整个仪器由一架矿相显微镜、蒙拉灯和裂隙光度仪三部分构成，裂隙光度仪由两个附件组成，附件之一是对入射光起分光作用的分光棱镜，它安装在进光管的最前端（取下原显微镜上的偏光镜），附件之二是比较棱镜，其作用是把可变光亮和欲测矿物的光亮同时反映在同一比较目镜中，它套在目镜的筒孔中（取下原目镜）。两个附件都有一个细长管子，粗、细管套在一起平行于显微镜筒。在进光孔处套上遮光板。

仪器结构和原理：由蒙拉灯发出的光线射入光度仪的进光口，这个进光口是一个竖直的裂隙，裂隙光度仪由此而得名。裂隙的作用在于使进入的光线尽量平行于反射器的对称面。光通过裂隙进入分光棱镜，被分成两个部分，一部分透过偏光镜的垂直照明器至反射器，并被反射器反射向下达光片面上，然后再从光片面上向上反射到达光度仪的比较目镜中；另一部分光线则沿侧管上升经反射棱镜折成水平，再通过两个偏光镜，到达光度仪的比较目镜，这时在同一视域中见到两部分光线且各占一半。

两个偏光镜，其中一个固定，另一个可旋转90°，当两个偏光镜平行时（游尺读数90°）通过最大光量，当两个偏光镜正交时（游尺读数0°）则光线不能透过而呈黑暗，借助旋转偏光镜达某一角度（0°～90°）时，使透过两偏光镜夹角的光量正好等于欲测矿物反射上来的光量。此时，可按偏光镜的转角计算出矿物的反射率，其公式为

$$R_\mathrm{m} = R_\mathrm{c} \frac{\sin^2 Q_\mathrm{m}}{\sin^2 Q_\mathrm{c}} \qquad (3\text{-}6)$$

式中　R_c——已知标准矿物的反射率；

　　　R_m——预测矿物的反射率；

　　　Q_m——预测矿物的偏光镜的转角；

Q_c——标准矿物的偏光镜的转角。

操作步骤：

(1)置标准矿物于载物台上,对准焦距。

(2)推进比较棱镜柄,此时见视域分成左右两半,左半为矿物,右半为通过侧管和两个偏光镜的光线亮度,若两边亮度不等,可旋转反射棱镜,使两边处于同一平面上。

(3)旋转一偏光镜,使通过两偏光镜夹角的光亮强度与从矿物光片上反射的光亮强度一致时,停止旋转,并在刻度上读出 Q_c 角。

(4)若欲测矿物为均质矿物,则直接将矿物置于载物台做与上述相同的操作,取得读数 Q_m,将获得的 Q_m、Q_c 和标准矿物已知的反射率 R_c 代入公式(3-6)中,即可求得欲测矿物的反射率 R_m。

(5)若欲测矿物为非均质矿物,则须先在正交偏光下定出截面上的任意一个消光位,然后推出上偏光镜,推进比较棱镜,再按(3)读出其中一个 Q_{c1} 角,再转载物台90°,重复(3)取得另一个读数 Q_{c2},将 Q_{c1}、Q_{c2} 分别带入式(3-6),计算出两个矿物的反射率值,这两个值即为该矿物载面上最大和最小反射率,若测平均反射率,则可将矿物自消光位转至45°位置直接测定。

测量时应注意：

(1)上述测量方法采用涂膜玻璃片反射器时才使用,若采用棱镜反射器,则方法不同。

(2)测量时宜用低倍或中倍物镜。

(3)测量反射率时,需将视野光圈缩小一半,使光线尽可能接近垂直投射,并调节电压使光强减弱,因在弱光中测量的精度较在强光中的要高。

(4)当预测矿物有明显反射色时,可选用与反射色相近的滤光片(光度仪中附有绿、橙、红三种滤光片),使视野两边均带颜色,以减小由于视野两半色的不同而引起的比较误差。

二、反射率的光电学测定方法

反射率的光电学测定方法有硒光电池法、硅光电池法和光电倍增管法等多种,其原理都是利用光电效应,即有些物质受到光的照射后就会有光电子逸出,光电子定向运动则形成光电流。物质受光照射逸出的光电子数与入射光的强度成正比,光电学法是根据这一原理在相同强度的入射光照射下,测量欲测矿物与标准矿物的光电流强度,按公式计算出欲测矿物的反射率值。

硒光电池法所用仪器是硒光电池显微光度仪,它由一架矿相显微镜、蒙拉灯、硒光电池、多次反射镜式检流计(10^{-9})安培、磁饱和式稳压器及显微照相用带测目镜构成。在矿相显微镜的目镜处放置待测目镜,在放照相底片处放置封闭的硒光电池,电池的正负极分别用导线连接检流计正负极,蒙拉灯通过变压稳压器后再接上电源。当光电池受光照射后,硒层吸收光电子的能量而逸出电子,电子流动产生电流,光电流的强度与光照度成正比。因此,我们可根据矿物光片反射上来的光线射至硒片电池使其感光,产生电流(在检流计上可读得),电流强度与矿物的反射力成正比。按公式可计算出矿物的反射率。

硒光电池的灵敏度不高并易于老化,而且在较弱光线下光强与光电流不成直接关系,故不能测弱光,也不能测定微粒矿物的反射率。硅光电池虽具有不易老化、经济、耐用的优点,但对可见光灵敏度低(特别是对蓝、绿光更低,只对近红外光灵敏度较高)和不能测微小面积光强,因而应用面不广泛。目前广泛应用的是光电倍增管法。

光电倍增管法所用仪器是光电倍增管显微光度仪,接收光的光电元件不是硒光电池,而是光电倍增管,另外还有一个高度稳定的高压直流稳压电源,供倍增管本身使用,此外在目镜焦平面上加一细孔锁光圈,这样可测小至 1 μm 的矿物颗粒,并能避免镜筒的内反射对测量矿物反射率的干扰,结构见图3-3。

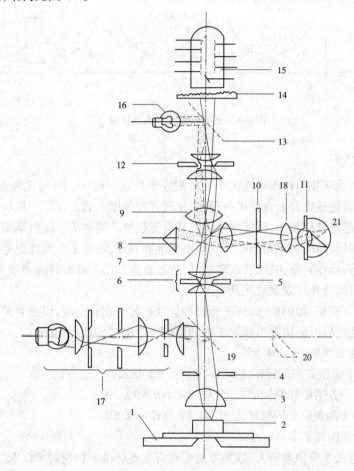

1—物台;2—光片;3—物镜;4—孔径光栏(像);5—目镜光栏;6—目镜;
7—半透明反射器;8—反射棱镜;9—透镜;10—光差目镜光栏;11—目镜的出射光瞳;
12—测量光栏;13—半透明反射器;14—毛玻璃;15—光电倍增管;16—测量光栏照明灯泡;
17—反光显微镜照明系统;18—观察目镜;19—反射玻璃片;20—补偿棱镜;21—人眼

图3-3　MPV－1型光电倍增管光度计在反射光中测定原理示意图

　　光电倍增管的结构:光电倍增管置于矿相显微镜顶端,它由阳极、阴极及多个二次发射靶屏极封入一玻璃管内构成(见图3-4)。光线照射到阴极上使其发出光电子,由于在第一靶屏 D_1 和阴极间的电压差所产生的静电场作用下,使其电子落到第一靶屏 D_1 上,并在 D_1 上打出更多的二次电子,二次电子又在静电场作用下落到第二靶屏 D_2 上,又成倍地产生了新的二次电子。就这样,多次落入"二次发射靶屏"上产生二次电子使光电流放大几百万倍。阳极的输出电流可用灵敏检流计测定。通过采用 10～15 个靶屏极这样可使光电流放大几十万倍,从而大大地提高了灵敏度。

　　光电倍增管的外加电压视本身要求而定,通常控制在 700～300 V 范围内。

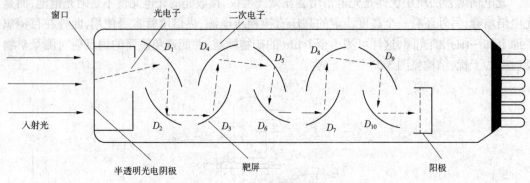

图 3-4 光电倍增管结构示意图

三、视测比较法

此方法是将欲测矿物与标准矿物两个光片毗连镶接在一起,压平(垫用胶泥)在同一载玻片上,置于矿相显微镜载物台上直接进行观察,比较其光亮度。通常在同一视域中不能看到两种矿物,那就需要迅速推移光片,反复观察比较其反光强度。两种矿物反射率相差较大时容易判断其反射力的高低,而反射率相差较小时则不易准确判断,需要多次训练视觉判断力。本方法不需要专门仪器,操作简便,熟练后效果较好,故被普遍采用。观察时必须使光片清洁,颜色显著不同的矿物可加滤光片观察对比其亮度。

采用黄铁矿、方铅矿、黝铜矿、闪锌矿等四种标准矿物对比其亮度,以欲测矿物与四种标准矿物进行视测对比之后可很快测出欲测矿物的反射率范围,分为以下五级:

I. 反射率高于黄铁矿:$R > 54.5\%$

II. 反射率介于黄铁矿和闪锌矿之间:$54.5\% > R > 43.2\%$

III. 反射率介于方铅矿和黝铜矿之间:$43.2\% > R > 30.7\%$

IV. 反射率介于黝铜矿和闪锌矿之间:$30.7\% > R > 17.5\%$

V. 反射率低于闪锌矿 $R < 17.5\%$

由于视测比较法本身误差较大,故为方便起见将上述标准矿物反射率仅取二位数,则五级分别为:

I. $R > 54\%$

II. $54\% > R > 43\%$

III. $43\% > R > 30\%$

IV. $30\% > R > 17\%$

V. $R < 17\%$

以上四值均为白光下的反射率值。

四、反射率标准物质和矿物的选择

除用强光直接测定法和测定 N、K 值计算法测定反射率外,在日常鉴定工作中常用的测定方法中都需要使用反射率已知的标准物质或矿物,即反射率标准。标准物质或矿物选择的好坏将直接影响欲测矿物反射率的准确度。

反射率标准物质或矿物选择的原则是:

（1）硬度高不易划痕,易于磨成镜面,标准物质或矿物要常见或易于得到。

（2）化学性质稳定,不易产生氧化薄膜。

（3）化学成分单一,不易与其他元素形成类质同象以免造成同种矿物不同标本中,其反射率数值有所差异。若使用闪锌矿为标准矿物,要挑选含铁量小于0.15%的,若高于0.15%,闪锌矿的反射率会随含铁量的增大而变大。

（4）最好是均质性矿物,无异常非均质效应,则任何方向的切面都能做反射率标准使用。如果用一轴晶矿物,只能用底切面的方向。

（5）反射率色散弱。即要求反射率色散曲线平缓近于水平,这有利于在不同波长下都能作反射率标准使用。

（6）不透明、无内反射,因内反射的加入会使反射率值升高。

反射率标准:

（1）国际矿相学委员会(COM)规定三种人造物质作为反射率标准,即碳化硅(SiC 六方晶系)底切面($R=20\%$)、黑色中性玻璃($R=4.5\%$)和碳化钨($R=47\%$)(以上均为空气中的反射率值);此外,也用单晶硅(Si),并公布了一套反射率值,可作一级标准和二级标准应用。表3-3中的1、2、5、6栏由英国国家物理实验室(N.P.L)测定,3、4栏由格伦和皮勒二人于1968年计算而得。

表3-3　矿相学会的反射率标准

波长(nm)	黑色中性玻璃		碳化硅底切面		单晶硅	
	空气中1	空气中2	空气中3	空气中4	空气中5	浸油中6
400		22.2				
420	4.50	21.8				
440	4.48	21.6	21.47	7.94	42.7	
460	4.47	21.3	21.26	7.83	40.9	
480	4.45	21.1	21.07	7.74	39.6	
500	4.44	20.9	20.01	7.66	38.5	
520	4.42	20.7	20.77	7.59	37.7	
540	4.41	20.6	20.65	7.53	36.9	
560	4.40	20.5	20.54	7.48	36.4	
580	4.39	20.4	20.44	7.43	35.8	
600	4.39	20.3	20.36	7.39	35.3	
620	4.37	20.2	20.28	7.30	34.9	
640	4.36	20.2	20.21	7.33	34.6	
660		20.0	20.15	7.30	34.2	
680		19.9				
700		19.9				

表 3-4 中反射率值 1 由奥塞尔在光电管上测得;反射率值 2 由西萨茨用裂隙光度仪测得;反射率值 3 由瑞克用裂隙光度仪测得,黄铁矿为鲍伊(Bowic)利用硒光电池测得。

表 3-4　常见标准矿物的反射率值(空气中)

	闪锌矿			方铅矿			黄铁矿
	1	2	3	1	2	3	
绿(E 线)	17.5	16.50	16.97	45.6	44.3 ± 0.2	43.26	
橙(D 线)	17.25	16.0	16.49	44.4	41.0 ± 0.2	41.61	54.6 ± 0.5
红(C 线)	17.0	15.60	16.15	44.2	40.1 ± 0.2	40.10	

(2)视测对比法常用的标准矿物反射率值见表 3-5,表中鲍白是鲍伊和泰勒(Tayior)两人利用光电池显微光度仪在白光下测得的,伏黄是伏仑斯基(H·CBojibhcknn)利用光度目计在黄光下测得。

(3)目前趋向于采用多种纯金属作二级标准,如铅、镍、铬、钨、铌、钽、铑、锗、硅等(见表 3-6),因这些纯金属具有均质性、不透明、纯度高、硬度较高、稳定性好、易于磨光等优点,这样可制成一套有一定反射率梯度(10% ±)的反射率标准。

表 3-5　标准矿物的反射率值

标准矿物测定方法	黄铁矿	方铅矿	黝铜矿	闪锌矿
伏黄	53	43	29	17
鲍白	54.5	43.2	30.7	17.5

表 3-6　二级标准物质的反射率值

波长(nm)	铝(Al)	镍(Ni)	钨(W)	锗(Ge)
486	91.53	60.43	51.64	47.0
546	91.15	63.43	52.35	51.3
589	90.74	65.97	53.23	52.0
650	90.52	57.23	53.62	47.1

五、影响反射率正确测量和判断的因素

反射是不透明矿物的特征常数,但是由于影响反射率测量的因素较多,各家得出的数值往往不一致。因此,应了解影响反射率测定的各因素,以能对各家测量的数据进行正确的判断和利用;同时使自己在测量时能了解数值波动的原因,以便进一步提高精度。影响反射率测定的因素主要有以下几方面:

(1)光源的影响。无论采用何种仪器或用视测对比法,都必须在同强度光源条件下进行,否则无法计算和对比,因此在测量中必须使用稳压器,以保证光源强度的稳定性。

(2)入射光波长和观察介质的影响。在不同波长的入射光和不同浸没介质中测定的矿物反射率不同。因此,测量和比较标准矿物与欲测矿物的反射率时必须在相同的波长和介质条

件下进行。

（3）光片质量的影响。要求测量的光片面必须是新鲜的，并且是光洁度高、平滑、无擦痕和凹坑的光面。若磨光面质量太差和有氧化薄膜，则会造成漫反射，严重影响反射率测量的精度。

（4）反射率标准矿物的影响。若测量时选用不标准的"反射率标准矿物"或"物质"，能造成测量数据的差异。

（5）其他诸因素的影响。它包括矿物化学成分是否单一、矿物标本的新鲜程度以及非均质矿物的切片方位等，这些都会影响反射率测量数值的变化。

常见矿物的反射率见表3-7。

表3-7　常见矿物的反射率（空气中）

矿物名称	反射率（%）		矿物名称	反射率	
	伏黄	鲍白		伏黄	鲍白
自然银	95	95	赤铜矿	29	27.1
自然铜	90	81.2	铜蓝	28~16	22~7
自然金	85.1	74	辰砂	27	
砷铜矿	77~66		雌黄	31~26	35~20.3
自然铂	70	70	硫锰矿	25	23.4
微晶砷铜矿	70		赤铁矿	25	30~25
自然锑	68	72~77.1	黝锡矿	24	28
自然铋	68	67.9	硫砷铜矿	23	25.0~28.1
毒砂	57	51~55.7	戴比赤铜矿	23	
斜方砷钴矿	57		石墨	22~5	17~6
斜方砷镍矿	57	60~58	斑铜矿	21	21.9
斜方砷铁矿	56		雄黄	20	18.5
红砷镍矿	56	58.3~52	磁铁矿	20	21.1
白铁矿	55	55.5~48.9	水锰矿	18~16	20~14
黄铁矿	53	54.5	针铁矿	17	18.5~16.1
镍黄铁矿	53	52	闪锌矿	17	17.5
辉砷钴矿	51	52.7	黑钨矿	18~17	18.5~16.2
红锑镍矿	50~40	45.3~54.6	钛铁矿	17	21.1~17.8
黄铜矿	47	42~46.1	沥青铀矿	14	16
辉铋矿	48~42	42~48.7	铬铁矿	14	12.1
方铅矿	43	43.2	白铅矿	12~8	
辉锑矿	43~30	40~30.2	锡矿	11	12.8~11.7
方黄铜矿	40	40~42.5	白钨矿	10	10
磁黄铁矿	38	38~45.2	硼镁铁矿	10~8	
辉钼矿	35~15	37~15	蓝铜矿	9~7	
软锰矿	33	41.5~30	孔雀石	9~6	
硬锰矿	30~20	2423	菱铁矿	9~5.7	
黝铜矿	29	30.7	菱锌矿	9~5	
辉铜矿	29	32.2	方解石	6~4	
砷黝铜矿	29	28.9	石英	4.5	

第四章　矿物的反射色和颜色指数

学习目标

　　本章主要介绍了反射色的基本概念、反射率色散产生过程及其现象,重点讲述了反射色的观察方法。通过本章学习,能够掌握反射色相关的基本概念,能够独立观察矿物反射色并进行描述。

第一节　矿物的反射色

一、反射色的基本概念

(一)反射色的简单定义

　　反射色是指矿物光片在垂直光照射下所看到的单向反射光的颜色,矿物的反射光是由于矿物对不同波长(400 ~ 700 nm)光波选择反射所形成的。如果矿物光面对白光中的七种色光等量反射,则矿物反射色为无色,只是以本身反射率大小而呈现白色或深浅不等的灰色;如果矿物对七种色光具选择性反射,其中某些色光的反射率较高,则矿物就会呈现与该色光相应的反射色。

(二)矿物的反射色与颜色的关系

　　矿物在肉眼下所见的颜色称为矿物的颜色。矿物呈现颜色有这样几种不同情况:

　　(1)对某些吸收性脆弱的透明矿物,如果白光中的所有色光都能自由透过,矿物为无色透明;如果对白光中的某些色光吸收而只能透过半部分色光,则称为有色透明矿物。例如,红色透明矿物是由于对绿、蓝、紫色等色光显著吸收,而对红、橙等色光微弱吸收的结果。透明矿物呈现的颜色是透射光的颜色,这种颜色叫体色。在矿相镜下观察时,由于透明矿物大部分光线都被透过,反射的光线极少,因此反射色一般都呈深灰色。

　　(2)某些吸收性强的矿物,反射力很强,光波很难透过矿物而在矿物表面发生反射。反射对白光有选择性,所以矿物也可呈现各种颜色。由选择反射形成的颜色,称为矿物的表色。对吸收性强的矿物,其颜色表面为反射光的颜色,该颜色与反射色是一致的。例如,黄铜矿无论肉眼观察或在矿相显微镜下观察均呈黄色。

　　(3)半透明矿物的吸收率和反射率介于透明矿物与不透明矿物之间。它们可让部分光线透过,形成矿物的体色,另一部分光波不能透过而在矿物的表面被反射,形成矿物的表色,这两部分的颜色大致成互补色,即透射光和反射的光总和相当于白光。例如,辰砂的体色是朱红色,雄黄的体色为橙黄色,而它们的反射色为略带各种色调的蓝灰色。

(三) 矿物反射色的成因

矿物反射色呈现的原因是由于矿物在白光照射下,矿物内的自由电子或束缚电子对不同波长的色光具有选择性吸收,因此辐射放出的次生波波长也有选择性。矿物内的自由电子对某些波长色光吸收特别强烈,使这些色光不能透过矿物,而以次生波形式辐射放出,因此在反射光中出现与这些色光相应的颜色,即反射色。由于不同矿物其内部电子的种类和数量各不相同,因此对不同波长色光的吸收不仅有选择性,而且强烈程度也有差别。由于次生波的波长和强弱因矿物而异,因此由选择性吸收和反射造成的表色的颜色可以有各种各样的色调、浓淡和亮度。

透明矿物内部主要是束缚电子,由于束缚电子的固有振动频率高得多,因此束缚电子按可见光频率发生强迫振动,辐射的次生波不仅强度很小,而且频率就是可见光的频率,则入射光为白色可见光时,不论是什么透明矿物,在反射光下的颜色即反射色都是无色至深灰色。

二、反射率色散曲线

(一) 反射率色散曲线

矿物的反射率随入射光波的变化而改变的现象称为反射率的色散,将反射率用曲线表示,这种曲线叫作反射率色散曲线(或反射光谱)。在可见光波(400~700 nm)范围内,采用不同波长的单色光做光源,分别测量矿物的反射率,将测得的一整套不同色光中的反射率值投入以光波为横坐标、以反射率为纵坐标的直角坐标内,将各坐标点用平滑的曲线连接起来,即得矿物的反射率色散曲线,如图4-1所示。

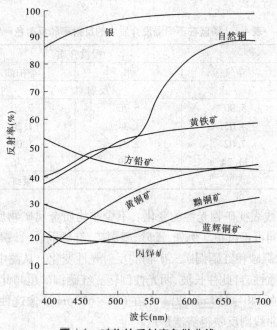

图4-1 矿物的反射率色散曲线

(二) 反射率色散曲线的意义

矿物的反射色由其反射率色散曲线决定,反射率色散曲线以曲线所处的位置表征矿物反射率的高低,同时以曲线的形态表征矿物颜色色调的特点。

（1）反射率色散曲线直接反映了反射率与波长间的变化关系，如曲线近于水平直线，表明矿物的反射率在不同波长下都是一定值；呈简单的升降状，表明矿物的反射率随波长的增大而升高或降低；如有明显峰、谷状，则表明反射率在峰谷相对应的波长处有最大或最小值；如呈波状起伏曲线，表明矿物的反射率随波长的增大，反射率变化时大时小。

（2）反射率色散曲线表征矿物颜色的特征。如图 4-1 所示黝铜矿、方铅矿、闪锌矿对不同波长光波的选择性反射不明显，即反射率差别较小，因而白光垂直入射到这三种矿物光面而经反射后，各种色光混合后仍呈深浅不同的灰白色。方铅矿对蓝紫光（400～480 nm）反射率最高，但人眼对此光感受最不灵敏，因此看起来方铅矿呈白色；黄铁矿反射率随波长增大而缓慢升高到黄橙色光（550～600 nm）时，反射率最大，故呈淡黄色；自然铜的反射率在长波段缓慢升高，而在短波蓝紫光段又剧烈下降，因此呈现明显的黄色。

同种矿物其反射色各不相同，即使有的很相似，但它们的色调和深浅仍有所差异，小的差异难以用文字来描述，但却可由反射率色散曲线的细微变化特点来区别，因反射率色散曲线的形态特征可显示矿物反射色的色调，每种矿物都有自己特征的反射率曲线，因此它是表征矿物反射色的重要方法之一。

（3）在浸没介质中，反射率色散曲线同样表征矿物的颜色特征。表 4-1 是铜蓝平行底方向的反射色。由表 4-1 可看出：空气中，铜蓝在短波段具有较高的反射率，反射色在此呈天蓝色；水中，铜蓝在长波红光中具有较高的反射率，其次是蓝光波段，因而反射色呈红蓝光的混合色紫色；在油中，长波红光中铜蓝的反射率明显升高，蓝光段降低，中波段反射率极小，故呈以红色为主的紫红色；二碘甲烷中，在红光中铜蓝的反射率最高，橙黄光中降低，其他光波更低，故铜蓝呈橙红色。

表 4-1　铜蓝在不同浸没介质中的反射率和反射色

波长（m）	浸没介质			
	空气	水	香柏油	二碘甲烷
	反射率（%）			
656（红）	5.90	5.70	7.20	9.28
589（橙黄）	4.05	1.34	1.20	2.13
546（黄绿）	7.02	2.01	1.00	0.75
486（蓝）	11.34	4.49	2.46	1.17
反射色	天蓝	紫	紫红	橙红

（4）反射率色散曲线表征矿物光性的变化。不少非均质金属矿物反射性的正负并非固定不变，而是随波长的不同可正可负。例如，毒砂、墨铜矿、红硒铜矿、针镍矿、斜方砷铁矿等都有这种情况。图 4-2 表示毒砂和红硒铜矿二矿物的反射光性变化。从图中可看出毒砂在 560 nm 位置的光性为零，呈均质性，自此往长波、两光性倒转。红硒铜矿也与此相似，在可见光范围内它有两个均质点，一个在 440～450 nm，另一个在 620～630 nm。像这种光性变化的情况，颜色指数无法表示，而色散曲线则反映得清清楚楚。

（5）反射率色散曲线表征矿物双反射和非均质性变化。同一矿物在不同波段的双反射和非均质性取决于矿物的反射率差，差数愈大，表明双反射和非均质性愈强。反射率差是随波长的变化而改变的，因此双反射和非均质性也随之波长的变化而改变。图 4-3 中辉锑矿的三条色散曲线的变化很明显地反映出辉锑矿的三条主反射率差在短波段较大，渐至长波段则逐渐变小,因而辉锑矿的双反射和非均质性也以短波段较强,渐至长波段则逐渐变弱。

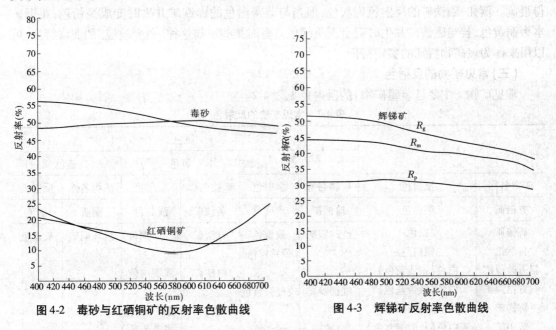

图 4-2　毒砂与红硒铜矿的反射率色散曲线　　　　图 4-3　辉锑矿反射率色散曲线

三、反射色的定性观察方法及影响因素

(一)反射色的定性观察及分类

反射色的常规性观察方法很简单,即用矿相显微镜或比色目镜在垂直光照下直接进行观察。一般以方铅矿作为标准的纯白色,其他矿物的反射色与之进行对比。此方法对于无色类及略带色调的矿物特别适用,对于带有明显色调的矿物则可与同色类矿物进行对比。对比时应将欲测矿物与标准矿物置同一视场中。若在同一光片中无方铅矿或其他标准颜色矿物,也可将欲测矿物与标准矿物镶压在同一载玻片上,置镜下反复推移对比。

反射色的定性分类,大致可分为明显带色和无色两类。不透明矿物有明显反射色的总共不超过 40 种,绝大多数矿物属于后者,即灰白色微带不同色调。

无色类:无明显颜色,为白—灰白—灰色,带或不带微弱的色调,如方铅矿白色、辉铜矿白色微蓝或灰白色微蓝、磁铁矿灰色微褐等。

显色类:有明显的反射色。依色调的不同它又可以分为黄色、蓝色和红色三类。

黄色:有深 浅或带有其他色调。如黄铜矿、黄铁矿为淡黄或黄白色,自然金为金黄色或亮黄色。

蓝色:有明显的蓝色调。如铜蓝呈深蓝、蓝白色两色,蓝辉铜矿为浅蓝色或灰蓝色。

玫瑰红色:有明显的粉红色、紫红色、铜红色。如自然铜为铜红色,斑铜矿为粉红褐色或玫瑰红色。

(二)影响反射色观察的因素

自然界的矿石往往是多种矿物并生的,而多种并生矿物的不同反射色,往往会使观察者产生视觉色变,即对矿物反射色的印象发生改变。这是因为两种矿物的颜色一起刺激观察者的视网膜,不同于单看一种矿物的颜色印象。如灰色矿物与白色矿物并生会显得更暗,而与暗色

矿物并生时则显得较淡;淡黄色矿物与黄色矿物并生时会显成白色,而与灰色矿物并生时则显得很黄。例如,磁铁矿的反射色为灰色,但当与蓝灰白色的赤铁矿并生时变成淡粉色;黄铜矿本为铜黄色,若与磁铁矿并生时就呈现黄绿色。有时某些矿物这种"色变效应"的非常特征,可以用来作为该矿物特殊的鉴定特征。

(三)常见矿物的反射色

常见矿物(主要是金属矿物)的反射色见表 4-2。

表 4-2　常见矿物的反射色

无色		显色					
		红色		黄色		蓝色	
矿物名称	反射色	矿物名称	反射色	矿物名称	反射色	矿物名称	反射色
方铅矿	纯白色	斑铜矿	玫瑰色	黄铁矿	浅黄色	铜蓝	蓝色
辉铋矿	白色	红砷镍矿	玫瑰色	黄铜矿	黄色(铜黄)	蓝辉铜矿	灰蓝色
自然银	银白色		(带黄棕色)				
斜方砷镍矿	白色(带浅黄色)			白铁矿	浅黄白色		
斜方钴镍矿	白色(微带蓝色)	红锑镍矿	玫瑰微紫色				
辉锑矿	白色至灰白色			镍黄铁矿	黄白(浅黄		
辉钼矿	灰白色(灰微带蓝色)	自然铜	铜红色		或乳黄砷		
软锰矿	蓝灰至灰白色				铜矿色)		
硬锰矿	浅灰微蓝色						
赤铜矿	灰白至浅灰(微蓝)						
辉铜矿	浅灰微棕色			砷铜矿	黄色(乳黄)		
黝铜矿	灰白微蓝灰色						
辰砂	灰色微棕			微晶砷铜矿	亮黄色		
磁铁矿	灰白,浅灰				(亮黄白		
雌黄	灰色微蓝或棕				带玫瑰色)		
闪锌矿	灰白(浅蓝灰色)			方黄铜矿	黄色		
赤铁矿	灰色微棕				(黄白至		
铬铁矿	浅棕灰色				玫瑰色)		
石墨	灰蓝微棕			雌黄铜矿	黄色或		
钛铁矿	灰色(微带紫)				玫瑰色或		
雄黄	灰色				乳黄带棕色		
白钨矿	深灰色						
菱铜矿	灰黄微玫瑰色						
孔雀石	灰色稍带浅玫瑰						
蓝铜矿	灰色						
白铅矿	灰色						
锡石	深灰色						
方解石	深灰色						
石英	深灰色						
萤石							

第二节 反射色的颜色指数

在矿相显微镜下对金属矿物的反射色进行观察并给予定性的描述,这一方面没有客观定量概念,往往因人而异。由于观察者的辨色力和色感性可能不同,使同一矿物在同等测量条件下得出不完全相同的颜色印象,观察者会作出不同的描述。例如,雌黄铁矿曾分别被描述为乳黄色、淡棕黄色、淡黄褐色、淡古铜色、奶酪黄色带粉红棕色色调等。因此,用定量方法以某些数字指标表征金属矿物反射色具有明显的进步意义。

利用色度学原理用一套简单的数字来表征金属矿物的反射色,即颜色指数,它的应用使反射色由主观定性的文字描述进入到客观定量的数字表述。

一、色度学的基本概念

(一) 三原色原理

颜色是可见光范围不同光谱成为辐射能对人目所引起的感觉。颜色和光的波长有密切关系,若将可见光经三棱镜分解成连续波长的单色光,对人目就能引起相应为红、橙、黄、绿、青、蓝、紫等七种连续过渡的颜色感觉。色感与光波波长的关系密切,相同的波长具有相同的色感,波长不同则色感即有差别。试验证明,正常人视觉能分辨150种以上的色调。

光波与颜色既有单一的对应关系,又并非完全是单一的对应关系。往往一种色光可以与另外两种以上的色光配合而成。例如,波长 580 nm 的单色黄色,也可以由波长为 650 nm 的红光和波长为 540 nm 的绿光叠加混合而成。其他种种色光,也同样可以用不同波长的色光混合而成。既然一种色光可以由两种或两种以上的色光按一定比例混合配色,那么利用少数几种基本颜色进行配色,定能得到色调、饱和度都不相同的无数种颜色。大量试验证明,基本独立的颜色只有三种,这三种颜色是一套颜色组合,它们互相独立,不能由这三种颜色的任意二色配成第三色,若将三色按不同比例配合,则可配成任何一种颜色,这三种独立色就称为三原色(三基色),利用三原色按不同比例配合成无数种颜色的原理,称为三原色的原理。

从配色范围最广、配色种类最多的角度考虑,三原色以选择红、绿、蓝三色最为合适。将红、绿、蓝三束单色光,部分相叠地投射在一个白色屏幕上,形成一个品字形的彩图,这一彩图为三原色图,见图4-4。从图中可以看出,几种主要颜色之间的相互关系如下:

$$红 + 绿 = 黄$$
$$绿 + 蓝 = 青$$
$$蓝 + 红 = 紫$$
$$红 + 绿 + 蓝 = 白$$

在这里不难看出,如将这三种原色按不同比例相加,就可以配成红、(橙)、黄、绿、青、蓝、紫等一系列不同色调和饱和度的多种多样的色彩。又有:

$$红 + 青 = 红 + 绿 + 蓝 = 白$$
$$红 + 紫 = 绿 + 蓝 + 红 = 白$$
$$蓝 + 黄 = 蓝 + 红 + 绿 = 白$$

上面三式表明红与青、绿与紫、蓝与黄三对颜色分别相加同为白色,称为互补色。

图4-4(b)为减色配色法。凡印刷、绘画、印染等方面的配色,都属于减色法配色。减色

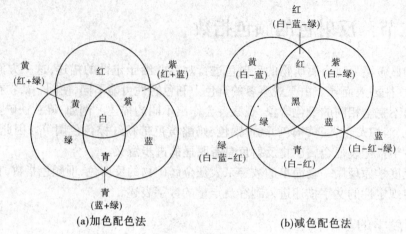

(a)加色配色法　　　　　　　　　　(b)减色配色法

图4-4　三原色圆图

法配色应用于透明的带色物质。减色配色法的颜色互补关系如下：

$$白-红=青$$
$$白-绿=紫$$
$$白-蓝=黄$$
$$白-红-绿-蓝=黑$$

由此可知：

$$白-红-绿=青+品红=蓝$$
$$白-绿-蓝=品红+黄=红$$
$$白-蓝-红=黄+青=绿$$

因此，从上列各式的关系可见，在加法色中的三原色红、绿、蓝，在减色法中由其相应的补色青、黄、品红三色代替，构成了三补色。将三补色按不同比例相加，同样可以配成一系列不同色调、但饱和度不同的多种多样的色彩。

（二）表征颜色的三要素

颜色给予人的感觉，可因人的主观因素或者是光源的不同色调的叠加而发生变化。但就颜色本身而论，其特征取决于亮度、色调和饱和度三要素，三要素中任一要素发生变化，都可以使人产生不同色感。

（1）亮度，是指明亮程度，即光的强度，金属矿物的亮度一般以R、R_{vis}表示。

（2）色调，是指颜色的种类，它与光的波长有关。颜色的种类一般就以颜色色散曲线主峰值的波长数或颜色指数中主波长λ_d表示。

（3）饱和度（纯度），也称纯度，颜色的饱和度通常以光谱色为最大或最高，作为$100/100=1$，颜色变淡数值逐渐变小，纯白色的饱和度等于零，金属矿物的颜色饱和度或纯度以P_e表示。

（三）三色曲线和色度图

三色曲线又称三刺激值曲线、三色的感色灵敏度曲线、等能光谱分布曲线、配色曲线等。三色曲线是颜色测量工作中最重要、最基本的三条曲线。

三色曲线就性质上说，是代表人目中，三种感色的锥体细胞受红（R）、绿（G）、蓝（B）三原色的刺激分别对应在等能光谱上的感色灵敏度曲线，其计算单位规定为原色单位和三色单位。

三色曲线用三色色度计测制。采用国际照度委员会(CIE)规定的标准(XYZ)系统曲线的横坐标为波长,纵坐标为亮度的相对量。$\overline{X}_\lambda$、$\overline{Y}_\lambda$、$\overline{Z}_\lambda$分别表示不同波长下刺激值的相对数量。三色色度计在规定三原色刺激并测定其配成白色的三原色的原色量以后,就用它对相同光强度的等能光谱的等距离间隔的每一波长进行配色。配色后所得三原色(以原色量为单位)的数量即为三刺激值(R、G、B)。等能光谱整系列的三刺激值称为三色函数,其曲线就称为三色曲线(见图4-5)。

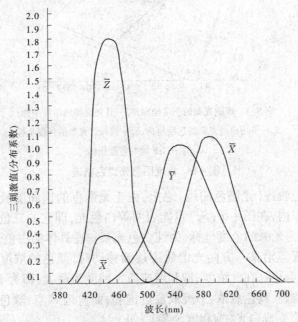

图4-5 CIE 规定的(XYZ)系统的等能光谱的三色曲线

色度图(色品图)是表征反射色的色彩、纯度(浓度)特征的图。由于表征一个反射色需用三个刺激值 X、Y、Z,必须采用三度空间的立体图。为了解决作图的困难,分别采用其相对百分数计算。即令:

$$x = \frac{X}{X+Y+Z}, y = \frac{Y}{X+Y+Z}, z = \frac{Z}{X+Y+Z} \tag{4-1}$$

由上式可知 $x+y+z=1$,如 x、y 为已知,z 则为一定值。例如,波长为470 nm 时:

$$X = 0.1954, Y = 0.0910, Z = 1.2876$$

因为 $X+Y+Z = 1.5704$

所以 $x = 0.1241, y = 0.0578, z = 0.8181$

上列 x、y、z 三值通称相对三色或色度坐标。因 z 为一定值,则可用 x 为横坐标,y 为纵坐标作出平面色度图,见图4-6。

由上述可知,三色单位是加色配色法计算的基本单位,三刺激值、色度坐标是颜色的重要参数或指数,色度图是表示色度坐标的良好工具,从色度图上可以反映颜色的色度特征和解释颜色的分解和合成。

将所有的光谱色(400~700 nm)均以上述方式分别找出相应的相对三色系数,并将各自的 x、y 值投入图中,就可绘出各光谱色在色度图中的马蹄形轨迹。从图中可看出所有光

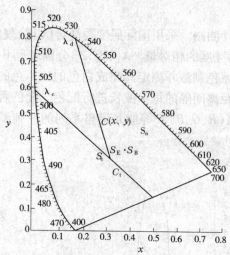

$E(S_E)$—等能光源的色度坐标;S_b—日光光源的色度坐标;

S_c—平均白昼光源的色度坐标;S_a—钨丝灯光源的色度坐标;

C、C_1—二矿物的色度坐标

图 4-6　色度图与光谱色轨迹

谱都位于上述光谱色轨迹(光谱色曲线)之上,由于光谱色的饱和度最大,所以任何颜色都必位于马蹄形范围以内,在图中 $E(S_E)$ 点能表明等白色光,即它的三色系数。x、y 和 z 均为 0.333 3。既然 E 点为光源的色度坐标,为纯白色或某一些具体的白色光源,那么,当某一些颜色的色度坐标由 E 点沿某一方向光谱轨迹逐渐移动时,颜色的浓度,也就是饱和度逐渐增大、及至光谱轨迹为止。在此浓度、饱和度或激发纯度为最大,即为 1。由此可知,任何颜色的色度坐标愈近轨迹,其色愈浓、愈纯或愈近饱和;而愈近 E 点,颜色愈淡,饱和度或纯度愈低,直至 E 点,完全变成白光(饱和度为零)为止。

如某一色光的色度坐标 x、y 已经求出,投入色度图中位于 C 点。将 C 点与白点 E 连接并向光谱曲线方向延长并与光谱轨迹交于 λ_d 点,此 λ_d 点在光谱轨迹上的波长数,即为这一色光的主波长 λ_d。C 点在 E、λ_d 连线中的位置代表该色光的纯度 P_c,见式(4-2)。

$$P_c = \frac{EC}{E\lambda_d} \tag{4-2}$$

综上所述,基于上述颜色特征的三个基本要素,反射色的颜色指数用五个参数来表示,即 R_{vis}、x、y、λ_d、P_c。R_{vsi} 代表人目的视觉反射率,其值等于 Y 刺激值;x、y 为色度坐标值;λ_d 为反射色的主波长;P_c 为激发纯度;λ_d 与 P_c 分别表征反射色的色调与浓度。

有了以上五个参数,我们就可以定量地表示反射色。据此,矿物反射色的浓度又可分为四类:

$P_c < 0.01$,不论主波长是哪一种波长,反射色一律为白色,其微弱的色调入目感觉不出。

$0.01 < P_c < 0.05$,一般为微带色调的矿物。

$0.05 < P_c < 0.1$,一般为浅色或淡色矿物。

$P_c > 0.1$ 或 0.2,一般为明显有色矿物。

二、反射色颜色指数的实测方法

反射色颜色指数的实测方法有以 S_c 光源为照明的选择纵坐标和以等能光源为照明的

等值纵坐标两种。前一种方法的要点是将 S_c 光源的光谱能量分布值（$P_{c\lambda}$）与 $\overline{X}_\lambda$、$\overline{Y}_\lambda$、$\overline{Z}_\lambda$ 三曲线的对应值分别相乘，从而得出 $P_{c\lambda}\overline{X}_\lambda$、$P_{c\lambda}\overline{Y}_\lambda$、$P_{c\lambda}\overline{Z}_\lambda$、三曲线。将三曲线以横坐标（波长）分别划分为 30 段，使同一曲线下 30 段的面积相等，再从每一段中找出其中间波长，这一波长即为每一曲线的 30 条选择波长。

确定三曲线的选择波长以后，可根据波长从反射率色散曲线上找出其相应的反射率值，再将这三曲线的一套反射率值分别相加，并乘以各自的 S_c 光源的光源因数，最后就可得出这一矿物的三刺激值 X、Y、Z，从而计算其颜色指数 R_{vsi}、x、y、λ_d、P_c。

另一种方法是我国矿相学家陈正先生提出的计算方法，此方法与上述方法相似，其特点在于将照明光源不用 S_c 代替而用等能光源代替，等值间距仍为 10 nm。

等能光源 S_E 在可见光范围内各波长的能量相同，理论上为一常数，因此在计算各等值波段的乘数中可以略去不计，而直接以三刺激函数 $\overline{X}_\lambda$、$\overline{Y}_\lambda$、$\overline{Z}_\lambda$ 进行计算即可，三色函数见表 4-3。

表 4-3 等能光源 S_E 光谱色三色函数

波长（nm）	三色函数			波长（nm）	三色函数		
	X_λ	Y_λ	Z_λ		X_λ	Y_λ	Z_λ
400	0.014 3	0.000 4	0.067 9	560	0.594 5	0.995 0	0.003 9
410	0.043 5	0.001 2	0.207 4	570	0.762 1	0.952 0	0.002 1
420	0.134 4	0.004 0	0.645 6	580	0.916 3	0.870 0	0.001 7
440	0.348 3	0.023 0	1.747 1	600	1.062 2	0.631 0	0.000 8
450	0.336 2	0.038 6	1.772 1	610	1.002 6	0.503 0	0.000 3
460	0.290 8	0.060 0	1.669 2	620	0.854 4	0.381 0	0.000 2
470	0.195 4	0.091 0	1.287 6	630	0.642 4	0.265 0	0.000 0
480	0.095 6	0.139 0	0.813 0	640	0.447 9	0.175 0	0.000 0
490	0.032 0	0.208 0	0.465 2	650	0.283 5	0.107 0	0.000 0
500	0.004 9	0.323 0	0.272 0	660	0.164 9	0.061 6	0.000 0
510	0.009 3	0.503 0	0.158 2	670	0.087 4	0.032 0	0.000 0
520	0.063 3	0.710 0	0.078 2	680	0.046 8	0.017 0	0.000 0
530	0.165 5	0.852 0	0.042 2	690	0.022 7	0.008 2	0.000 0
540	0.290 4	0.954 0	0.020 3	700	0.011 4	0.004 1	0.000 0
550	0.433 4	0.995 0	0.008 7				

这一方法同样须先测定矿物的反射率色散曲线，从曲线中找出与三刺激函数相对应波长的反射率值，然后将反射率值与其对应的三刺激函数分别相乘，按三色分别相加，即得三

刺激值 X、Y、Z，再以相同的方法算出颜色指数。

（1）测制反射率色散曲线。

精准地测出矿物的反射率色散曲线，即在以波长为横坐标、反射率为纵坐标的直角坐标网格图中，将各点所测的值投入并连成圆滑的反射率色散曲线；或者用 MPV - 3 显微光度计打印机上直接印绘的反射率色散曲线。

（2）在反射率色散曲线上找出每隔 10 nm 为间距的 31 个波段的反射率值，并填于表 4-4 中，如 440 nm 的 R_λ 为 0.206，540 nm 的 R_λ 为 0.192 等。

表 4-4　S_E 等能光源等值纵坐标法计算颜色指数记录

波长	$S_E \overline{X}_\lambda R_\lambda$	$S_E \overline{Y}_\lambda R_\lambda$	$S_E \overline{Z}_\lambda R_\lambda$
400	0.014 3 × 0.216 = 0.003 0	0.000 4 × 0.216 = 0.000 1	0.067 9 × 0.216 = 0.014 6
410	0.043 5 × 0.213 = 0.009 2	0.001 2 × 0.213 = 0.000 2	0.207 4 × 0.213 = 0.044 1
420	0.134 4 × 0.211 = 0.028 3	0.004 0 × 0.211 = 0.000 8	0.645 6 × 0.211 = 0.136 2
430	0.282 9 × 0.209 = 0.059 1	0.011 6 × 0.209 = 0.002 4	1.385 6 × 0.209 = 0.289 5
440	0.343 3 × 0.206 = 0.070 7	0.023 0 × 0.026 = 0.000 6	1.747 1 × 0.206 = 0.359 9
450	0.336 2 × 0.202 = 0.067 9	0.033 0 × 0.202 = 0.006 7	1.772 1 × 0.202 = 0.357 9
460	0.290 3 × 0.200 = 0.058 1	0.060 0 × 0.200 = 0.012 0	1.669 2 × 0.200 = 0.333 8
470	0.195 4 × 0.197 = 0.038 4	0.910 × 0.107 = 0.097 3	1.237 6 × 0.197 = 0.253 6
480	0.095 6 × 0.196 = 0.018 7	0.139 6 × 0.196 = 0.027 3	0.813 0 × 0.196 = 0.159 3
490	0.032 0 × 0.195 = 0.006 2	0.203 0 × 0.105 = 0.040 5	0.465 2 × 0.195 = 0.090 7
500	0.004 3 × 0.195 = 0.000 8	0.323 0 × 0.195 = 0.062 9	0.272 0 × 0.195 = 0.053 0
510	0.009 3 × 0.195 = 0.001 8	0.503 0 × 0.105 = 0.098 0	0.158 2 × 0.195 = 0.030 8
520	0.063 3 × 0.194 = 0.012 2	0.710 0 × 0.194 = 0.137 7	0.078 2 × 0.194 = 0.015 1
530	0.165 5 × 0.193 = 0.031 9	0.862 0 × 0.193 = 0.166 3	0.042 0 × 0.193 = 0.008 1
540	0.290 4 × 0.192 = 0.055 7	0.954 0 × 0.192 = 0.183 1	0.020 3 × 0.192 = 0.003 8
550	0.433 4 × 0.191 = 0.082 7	0.995 0 × 0.191 = 0.190 0	0.003 7 × 0.191 = 0.001 6
560	0.594 5 × 0.190 = 0.112 9	0.995 0 × 0.190 = 0.189 0	0.003 9 × 0.190 = 0.000 7
570	0.762 1 × 0.190 = 0.144 7	0.992 0 × 0.190 = 0.180 6	0.002 1 × 0.190 = 0.000 3
580	0.916 3 × 0.190 = 0.174 0	0.870 0 × 0.190 = 0.165 3	0.001 7 × 0.190 = 0.000 3
590	1.026 3 × 0.191 = 0.196 0	0.757 0 × 0.191 = 0.144 5	0.001 1 × 0.191 = 0.000 2
600	1.062 2 × 0.191 = 0.202 8	0.631 0 × 0.191 = 0.120 5	0.000 8 × 0.191 = 0.000 2
610	1.002 6 × 0.192 = 0.192 4	0.503 0 × 0.192 = 0.096 5	0.000 3 × 0.192 = 0.000 1
620	0.354 4 × 0.192 = 0.164 0	0.381 0 × 0.192 = 0.073 1	0.000 2 × 0.192 = 0.000 1
630	0.642 4 × 0.192 = 0.123 3	0.265 0 × 0.192 = 0.050 8	0.000 0
640	0.447 9 × 0.192 = 0.085 9	0.175 0 × 0.192 = 0.033 6	0.000 0

续表4-4

波长	$S_E \bar{X}_\lambda R_\lambda$	$S_E \bar{Y}_\lambda R_\lambda$	$S_E \bar{Z}_\lambda R_\lambda$
650	$0.283\,5 \times 0.190 = 0.053\,8$	$0.107\,0 \times 0.190 = 0.020\,5$	0.000 0
660	$0.164\,9 \times 0.189 = 0.031\,1$	$0.061\,0 \times 0.189 = 0.011\,5$	0.000 0
670	$0.087\,4 \times 0.187 = 0.016\,5$	$0.032\,0 \times 0.187 = 0.006\,0$	0.000 0
680	$0.046\,8 \times 0.185 = 0.004\,1$	$0.017\,0 \times 0.185 = 0.003\,1$	0.000 0
690	$0.022\,7 \times 0.184 = 0.002\,0$	$0.008\,2 \times 0.184 = 0.001\,5$	0.000 0
700	$0.011\,4 \times 0.181 = 0.00$	$0.004\,1. \times 0.181 = 0.000\,7$	0.000 0
三者之和	$\sum S_E \bar{X}_\lambda R_\lambda =$	$\sum S_E \bar{Y}_\lambda R_\lambda =$	$\sum S_E \bar{Z}_\lambda R_\lambda =$
应乘因素	100/10.68	100/10.68	100/10.68
三刺激值	$X =$	$Y =$	$Z =$

(3)求 X、Y、Z 三刺激值。

将上述找出的 31 个反射率值分别与三色函数(见表4-2)相乘,并按 $\bar{X}_\lambda$、$\bar{Y}_\lambda$、$\bar{Z}_\lambda$ 分别相加,其和分别为 2.058 1、2.048 8、2.153 8,此值分别乘以 100/10.68 即得 X、Y、Z 三刺激值。

(4)计算颜色指数。

方法同前。

本方法的优点是计算时不需要加乘光源因数,保证了三刺激值与反射率色散曲线之间应有的对应关系。而用 S_C 光源进行计算时,每一刺激都要乘以一光源因数,而这一因数对红、绿、蓝三色又不相等,且差别较大,因此矿物本应白色,反射率色散曲线大致呈水平状,三刺激值也应大致相等,但由于加乘光源因数的不同,从而使三刺激值大小相差变大,破坏了三刺激值与反射率色散曲线的对应关系,致使难以利用三刺激值去直接估量矿物的反射色,也难以利用反射率色散曲线的形态去发现三刺激值和色度坐标计算时其中可能出现的错误。

三、影响反射色颜色指标计算的因素

(1)不论是以 S_c 光源选择纵坐标法,还是以 S_E 光源等值纵坐标计算矿物反射色颜色指数时,反射率色散曲线测量的是否准确都将直接影响颜色指数的精度。测定每一反射率的相对误差一般为 ±1%。

颜色指数:视觉反射率 $R_{vis} = Y = 19.183\,5$,主波长 $\lambda_d = 472$ nm,色度坐标值 $x = \dfrac{X}{X+Y+Z} = 0.328\,7$,激发纯度 $P_c = 0.025$

$$Y \frac{X}{X+Y+Z} = 0.327\,2$$

（2）采用不同坐标的光源即 S_c 光源和 S_E 光源进行计算时，颜色会产生差异，颜色指数也不同。色度坐标 X、Y、主波长 λ_d 和饱和度 P_c 差数较大。x、y 在小数点后第二位发生差别，λ_d 在第三位上发生差别，波长数可差 $x \sim 10x$ nm，普通 S_c 光源的波长数总比 S_E 光源的波长数小；饱和度的差异数最明显，这是由于饱和度是不易测量准确的，原因是色度坐标点离光源往往很近，不好分辨。

主波长 λ_d 的误差不取决于主波长的测定值，而取决于矿物色度坐标所在点的椭圆的大小。矿物 λ_d 的平均允许误差 $\Delta\lambda_d = 1$ nm。

饱和度 P_c 的误差也大致取决于矿物色度坐标所在点辨色椭圆的长半径长度。允许误差为 $\Delta P_c = 1/50 = 0.02$ 左右。

第五章　单偏光下的矿物光性

学习目标

　　本章主要介绍了在单偏光镜下的矿物光性现象,主要是矿物的双反射和反射多色性的产生原因及其观察方法。通过本章学习,应掌握双反射产生的基本原理,能够独立观察矿物的反射多色性并进行分级。

第一节　矿物的双反射和反射多色性

　　在入射光为单偏光条件下,除等轴晶系和非晶质的矿物随载物台转动一周时不发生明亮程度和颜色的变化外,其他的非均质矿物都会随载物台的转动而发生明亮程度和颜色的变化。这两种光学现象即是矿物的双反射和反射多色性。

一、双反射的基本概念

　　非均质矿物的反射率随结晶方向变化的性质称为双反射。对于一轴晶非均质矿物,它有两个主反射率 R_e 和 R_o;对于低级晶系则有三个主反射 R_g、R_m、R_p。

　　双反射是用最大反射率值和最小反射率值之间的差 ΔR 来表示的,称为绝对双反射率。其表达式为

$$\Delta R = R_e - R_o \quad 或 \quad \Delta R = R_g - R_p \tag{5-1}$$

　　例如,辉钼矿 $R_o = 35\%$,$R_e = 15\%$,则 $\Delta R = R_e - R_o = 35\% - 15\% = 20\%$。

　　矿物光片往往是任意切面的,因此任意切面的反射率 ΔR 称为切面绝对双反射率。

　　非均质矿物的双反射现象是否明显,不完全取决于 ΔR 值的大小,而是与下列因素有关:

　　(1)与相对双反射率 $\Delta R'$ 有关。$\Delta R'$ 是以 ΔR 值除以平均反射率(大小反射和的 1/2)的百分数计算而得出,即

$$\Delta R' = \frac{\Delta R}{(R_g + R_p)/2} \times 100\% \quad （低级晶系任意切面）$$

$$\Delta R' = \frac{\Delta R}{(R_e + R_o)/2} \times 100\% \quad （一轴晶任意切面）$$

$$\Delta R' = \frac{\Delta R}{(R_1 + R_2)/2} \times 100\% \quad （非均质矿物任意切面）$$

　　例如,辉钼矿:$R_o = 35\%$,$R_e = 15\%$,$\Delta R' = \dfrac{35-25}{(35+25)/2} \times 100\% = 33.3\%$

方解石：$R_o = 5.9\%$，$R_c = 3.9\%$，$\Delta R' = \dfrac{5.9 - 3.9}{(5.9 + 3.9/2)} \times 100\% = 40.8\%$

红砷镍矿：$R_o = 56\%$，$R_c = 50\%$，$\Delta R' = \dfrac{56 - 50}{(56 + 50)/2} \times 100\% = 11.3\%$

由以上各式可以看出，平均反射率越小的矿物，其 $\Delta R'$ 值越大。由于双反射现象的明显与否主要凭观察印象决定，只有当相对反射率 $> 10\%$ 时，视觉才能察觉出来；小于 10% 时，一般不易察觉。

（2）与反射多色性有关。如果矿物的相对双反射率（$\Delta R'$）较小，但是有明显的反射多色性时，则矿物的双反射现象仍可看出。

（3）与入射光波长有关。同一矿物在不同波段的双反射率随两主反射率差值的增减而变化，如第四章图 4-3 所示，辉锑矿的 R_g、R_m、R_p 三条反射率曲线，反射率差在短波段较大，逐渐向长波段变小，因而双反射现象在短波段较明显，向长波段逐渐变弱。

（4）与观察介质有关。同种矿物在不同介质中观察，其双反射现象的显示是不同的。通常矿物在空气中观察不明显，而在浸油中明显，如锡石（见表 5-1）。这是由于矿物在浸油中的反射率往往比空气中要小，因此相对双反射率增大，致使双反射现象较空气中明显。

表 5-1　锡石在不同介质中的双反射

观察条件	R_g	R_p	相对双反射率 $\Delta R'$	绝对双反射 ΔR	双反射现象
空气	12.4	11.3	1.1	9.0	不显
香柏油	2.6	2.0	0.6	27.0	明显

二、矿物的反射多色性的基本概念

由于不透明矿物对不同波长光波具有选择性吸收，因而造成了选择性反射。选择反射的结果，使矿物具有了不同的反射色。同样，非均质不透明矿物的各主反射率方向对不同光波有不同的吸收性，因此各主反射率方向就可呈现不同的反射色，矿物的反射色随方向的不同而改变的性质称为反射多色性。例如，铜蓝平行延长方向 R_o 时为深蓝色，垂直延长方向 R_c 时为蓝白色。

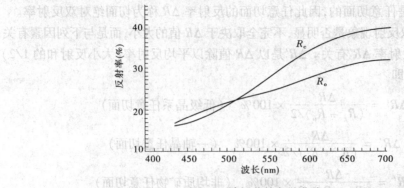

图 5-1　铁铜蓝的色散曲线

矿物的双反射和反射多色性现象的形成机制是相同的，即矿物在不同方向上对不同波长光波的选择性反射。双反射表示矿物的主反射率间具有相同的色散曲线,只是反射率有高低差别;反射多色性则表示矿物的主反射率间不仅有高低差别,同时色散曲线形态也不一样;图 5-1 是铁铜蓝的二主反射(R_o 和 R_e)的反射率色散曲线,从两曲线形态上的特点还可看出,双反射现象也随着波长的改变而改变,并且在 515 nm 波长处两条主反射率间同为 22.5%,即矿物在这一波长处的光性为零,显示均质性。

反射多色性的明显程度也可用相对双色散率表示,但在实际中很少应用,故不赘述。

第二节　双反射和反射多色性的观察和视测分级

一、双反射和反射多色性的观察方法

双反射和反射多色性都是非均质矿物在单偏光下表现出来的一种光学现象,其表现的明显程度与矿物的非均质强弱程度有很大关系,强非均质矿物双反射和反射多色性比较明显。

观察时,要先推入起偏镜(前偏光镜),去掉分析镜(上偏光镜),转动物台,观察矿物的双反射率和反射色。观察时应注意:①双反射微弱的矿物在单个晶粒上不易看出双反射,需在颗粒集中体中才能看见,这是因为生在一起的许多颗粒由于方位不同而产生反射率的差异,故视力易于察见,为此可先在正交偏光下找到矿物颗粒集合体,然后再去掉下偏光镜进行观察。②必须多观察几个颗粒,因为有的颗粒切面正好垂直光轴(一轴晶)或垂直圆偏光轴(低级晶系),这种切面无双反射和反射多色性。③对双反射和反射多色性微弱的矿物,还可在浸油中观察,因为矿物在浸油介质中比在空气中的双反射现象显著。如表 5-1 所示,锡石在空气中双反射现象不显,而在香柏油中双反射现象却明显。

由于矿物的双反射和反射多色性的机制相同,所以这两种现象可以同时存在。只是对反射色鲜明的矿物,其反射多色性较易观察,所以反射现象常被掩盖;而对于无色矿物,则表现为双反射现象易观察到。

二、双反射和反射多色性的视测分级

双反射和反射多色性是矿物的重要光学性质之一,因此在对不透明矿物进行描述和鉴定时,有必要进行分级。按目前实验室条件和教学上使用的情况,将双反射和反射多色性分为两级:

(1)清晰:在空气介质条件下,凡在镜下观察矿物集合体或单颗粒的双反射和反射多色性时均能清楚或微弱见到的均属本级,见表 5-2。

表 5-2　双反射和反射多色性清晰的常见矿物

矿物名称	反射多色性	矿物名称	反射多色性
石墨	R_o 灰色带棕;R_e 深蓝灰色	辉铋矿	//c 黄白色;//a 淡灰白色;//b 灰白色
白铁矿	黄白色—微黄绿色	辉钼矿	R_o 灰白色;R_e 灰色微带蓝色
淡红银矿	R_o 灰色;R_e 淡蓝	墨铜矿	R_o 灰色棕或带乳黄色;R_e 蓝灰至暗灰色

续表 5-2

矿物名称	反射多色性	矿物名称	反射多色性
方解石	R_o 灰色,亮;R_e 深灰,暗	铜蓝	R_o 深蓝微带紫色;R_e 蓝白色
红砷镍矿	R_o 淡黄玫瑰色;R_e 淡棕玫瑰色	雌黄	//a 白色;//b 灰色微红;//c 暗灰白色
红锑镍矿	R_o 较亮,玫瑰色;R_e 较暗,紫红色	钛铁矿	R_o 浅玫瑰棕色;R_e 暗棕色
红锑	//延长,较亮,棕灰色;⊥延长,较暗,灰棕至绿灰色	软锰矿	//c 近白色;⊥c 较暗暗灰色或蓝灰色
针铁矿	//延长,较亮,棕灰色;⊥延长,较暗,稍带棕色	黑铜矿	灰—淡灰白色
辉锑矿	//c 暗灰白色;//b 棕灰色;//a 纯白色	毒砂	白微蓝—淡红黄色
铜铁矿	R_o 灰粉红灰色至黄灰色;R_e 深较暗,棕色至红棕色	硼镁铁矿	//延长淡棕;⊥延长淡蓝至淡棕
菱铁矿	R_o 较亮;R_e 较暗	黑柱石	//a 淡灰带玫瑰红色;//b 同 c 红色较淡;//c 较暗蓝灰色微带紫色
菱锌矿	R_o 较亮;R_e 较暗	辰砂	R_o 灰色微紫;R_e 较亮微黄

（2）不显：在空气介质条件下,在镜下观察单颗粒或集合体均看不出双反射和反射多色性现象的,均属本级。它包括无双反射和反射多色性的均质矿物；部分双反射和反射多色性的非均质矿物；虽具有双反射和反射双色性,但因其光片切面恰好垂直光轴或垂直圆偏光轴,而显示均质性的非物质矿物。为避免识别错误,应观察多个颗粒后,再作出判断。

双反射和反射多色性不显的常见矿物有：雄黄、黄铁矿、磁铁矿、镍铁矿、沥青铀矿、方铅矿、黄铜矿、铬铁矿、锡石、黝铜矿、辉铜矿、黑钨矿、石英、闪锌矿、斑铜矿、黝锡矿、辰砂、赤铁矿、褐锰矿、针镍矿。

鉴于矿相显微镜等教学实验设备的不断更新,为适应高性能矿相显微镜对矿物双反射和反射多色性的视测分级,可将非均质的这一光学性质分为以下四级（在空气介质条件下）：

特强：在单晶中,亮度或颜色变化极其明显,往往一瞥即见,如石墨、辉钼矿、铜蓝等。

显著：在单晶中,亮度或颜色变化较显著,如辉锑矿、红锑镍矿等。

清楚：在单晶中,亮度和颜色变化较清楚可见,如方黄铜矿、磁黄铁矿、白铁矿等。

微弱：在单晶中,其高度和颜色的变化不显著,仅在晶粒集合体中可以看出,如毒砂、赤铁矿等。

第六章　正交偏光下的矿物光性

学习目标

　　本章主要介绍了在正交偏光镜下的矿物光性特征,包括了矿物的均非性、偏光色、非均质矿物视旋转角、均质矿物的视旋转色散、非均质矿物旋向符号。通过本章学习,应掌握矿物均非性、偏光色的基本概念,基本理解非均质矿物视旋转角产生的基本原理,能够独立进行矿物的非均质(视)旋转色散的定性测量,能够测定非均质矿物旋向符号。

　　矿相显微镜前偏光镜的振动面安置在水平方位,其振动面的振动方向为东西向;上偏光镜(检光镜)安置在南北方向,这时我们可得到正交偏光。正交偏光包括严格正交和不严格正交两种情况。前偏光镜与上偏光镜是否严格正交,可以用高倍物镜在锥光下观察偏光图图形的方法来检验,检验时用黄铁矿或方铅矿等反射率较高的均质矿物。若在锥光下偏光图为一黑十字,则说明两偏光镜严格正交;若在锥光下黑十字稍显分开呈双曲线状,则表明两偏光镜未严格正交,需重新调节。不严格正交偏光是指分析镜稍偏几度,一般为1°~3°。

　　正交镜下观察矿物的各种光学性质,其入射光均为垂直入射或近于垂直入射。主要光性有矿物的均质性和非均质性、非均质矿物的偏光色、非均质视旋转角和旋向等。

■ 第一节　矿物的均非性和偏光色

　　矿物的均非性是指矿物的均质性和非均质性。

一、矿物的均非性和偏光色的基本概念

(一)矿物的均质性

　　等轴晶系和非晶质不透明矿物对垂直入射的平面偏光仍按原来入射偏光的振动方向反射,即入射偏光为东西向振动,反射偏光仍是东西向振动。因此,东西方向振动的反射光线达到上偏光镜(南北方向振动)时,则不能透过,矿物在视域中呈现消光;旋转载物台不发生变化,如闪锌矿、磁铁矿等。而对于一些反射率较高的不透明矿物,由于物镜或多或少地有些聚敛作用,使偏光振动面与入射面产生斜交现象,致使反射光成椭圆偏光,造成矿物在严格正交偏光下也不完全黑暗,具有一定的亮度,但旋转载物台一周,其明暗程度保持不变,如自然铂,在正交偏光下,呈深灰色,转动载物台一周,深灰色保持不变。在不严格正交偏光下,均质矿物可呈现一定的亮度,但旋转载物台一周,其亮度保持不变。上述现象统称为均

质效应,矿物的这种性质称为均质性。

(二)矿物的非均质性

非等轴晶系不透明矿物能改变入射平面偏光的性质,使反射偏光的振动方向不同于原入射偏光的振动方向,这样就能使一部分光线透过上偏光镜,当转动载物台时,随着矿物方位的改变,这一部分光线也会发生明暗程度和颜色的变化。这种在正交偏光下呈现的光学现象称为非均质效应(非均质性),具此光学性质的矿物称为非均质矿物。

(三)偏光色

非均质矿物在旋转载物台时不仅有明暗变化,而且在严格正交、处于45°位置时不仅最明亮,还在白光中呈现鲜明的颜色,这种颜色称为矿物的偏光色,偏光色是非均质矿物的特有现象,因此有偏光色者一定是非均质矿物,但非均质矿物不一定都具有偏光色。非均质不透明矿物在一定光性方位上的偏光色是固定的,可作为某些矿物的鉴定特征。由于矿物的切片方位是不固定的,因此偏光色总是在一定的范围内变化,且偏光色往往出现在非均质性较强的矿物中,所以对鉴定矿物的非均质性很有用处。如铜蓝为红橙色、辉钼矿为淡紫色、石墨为棕黄色等特征偏光色。

偏光色的形成主要是非均质矿物的反射平面偏光振动面的旋转色散、非均质椭圆色散造成的。

1. 非均质矿物的反射平面偏光振动面的旋转色散

非均质矿物的反射平面偏光振动面的旋转色散,是透明非均质矿物生成偏光色的基本原因。由于矿物的反射率随入射光波长的变化而变化,因此合成偏光的振幅与非均质旋转角也随波长而有所不同,故透过上偏光镜的振幅和光强也有差别。如图6-1所示,PP为前偏光镜的振动方向,AA是上偏光镜振动方向,OI为入射光的振幅,矿物处在45°位置。若矿物有反射率的色散,则合成的平面偏光也有色散,如以OR'代表红光的合成发射平面偏光的振幅及方向,OG'代表绿光,OB'代表蓝光。每一种光波在上偏光镜AA线上的投影,即为该光波能透过上偏光的红、绿、蓝色三单色光的振幅Oc、Ob、Oa。这三种单色光合成的混合色就构成偏光色的最主要部分。图6-1表示红光透过上偏光镜的光强最大,绿光次之,蓝光最小。因此,混合色必然偏向光强大的颜色。

2. 非均质椭圆色散

对于非均质不透明矿物,由于二主向的反射率不仅振幅不同,而且相差也随光波波长改变而变化,因此使合成的非均质椭圆偏光也产生色散,不透明矿物的非均质视旋转角A_r也因光波波长不同而产生差异,其结果造成合成反射光波的椭圆偏光形态也不同。这种色散也是非均质不透明矿物产生偏光色的基本原因。如图6-2所示,图中有两个不同色光的椭圆振动,为同一矿物在不同波长中造成不同的非均质反射椭圆,假设其中一个代表红光的椭圆振动,另一个代表绿光的椭圆振动,二椭圆各有一部分光强透过上偏光镜,Oa代表绿光椭圆透过上偏光镜的振幅,Ob代表红光的振幅,根据"相加"原理也合成一种混合色,即构成偏光色。

此外,还有一种消光色散,在单斜、三斜晶系的不透明矿物中这种色散较强烈。消光色散是由于矿物主轴的轴向以及光学对称面都随波长不同而异,因此消光位也随波长而异。即使某色光消光,而另一色光不消光,故得不到一个能使各种色光都能消光的消光位。因此,这种色散使非均质矿物在白光中得不到严密的消光,而在消光位附近常呈现颜色变化。

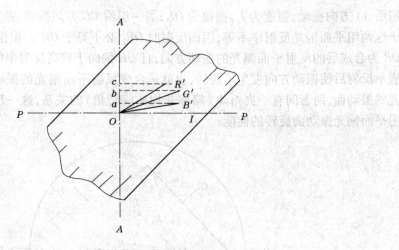

图6-1 非均质矿物偏光振动面的旋转色散

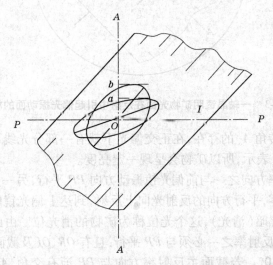

图6-2 非均质不透明矿物的椭圆色散

非均质不透明矿物的非均质效应,是由矿物对平面偏光所具有的三种性能造成的:①反射平面偏光振动面的旋转性能;②反射平面偏光产生周相差而造成椭圆偏光的性能;③由上述两种现象形成的色散。

二、非均质效应的形成机制

(一)非均质矿物反射平面偏光振动面的旋转性能

为简便起见,现以非均质透明矿物方解石为例来说明非均质矿物反射平面偏光振动面旋转的机制及非均匀旋转角的形成。如图6-3所示,图中为一轴晶透明矿物方解石的主切面,入射光被分解为两组互相垂直振动的反射平面偏光,二者之间的周相差为零。PP 代表前偏光镜的振动方向,CC 代表一轴晶矿物 C 轴的方位,AA 代表水平轴方位,圆代表显微镜视域。AA 和 CC 皆为矿物主反射率方向,AA、CC 与前偏光镜振动方向 PP 成45°交角。假定入射光的振幅为 OI,其投射到光片面后必被矿物分解成两组互相垂直振动的平面偏光,一

组沿 AA 方向振动,强度为 I_1,振幅为 OI_1;另一组沿 CC 方向振动,强度为 I_2,振幅为 OI_2。由于这两组平面偏光反射率不等,因而反射时 OR_1 必不等于 OR_2。根据平行四边形合成原理,OR 为合成后的反射平面偏光的振动方向,且 OR 偏向于较高反射率的一方而不与 OI 重合,表示反射后使振动方向发生了旋转,也就是合成反射平面偏光的振动面不同于入射平面偏光的振动面,两者间有一夹角 A_o(简称非均质旋转角)的关系,这一现象称为非均质矿物反射平面偏光振动面旋转的性能。

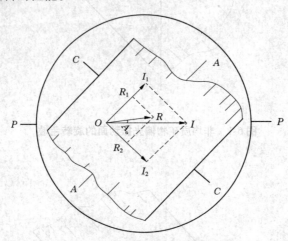

图 6-3　一轴晶透明矿物光面在反射中引起偏光振动面的旋转

　　由于有非均质旋转角 A_o 的存在,在正交偏光下就有一部分光线可透过上偏光镜,其强度可以用振幅 $OR\sin A_o$ 表示,所以矿物会呈现一定亮度。

　　若矿物二主反射率方向之一与前偏光镜振动方向 PP 平行,另一方向就与其垂直,垂直方向的反射光强度为零,平行方向的反射光向上反射,到达上偏光镜时又被全部截去,此时反射光不能透过而呈黑暗(消光),这个光位称为矿物的消光位。由此可见,当矿物处于消光位时,矿物的截面主反射率之一必须与 PP 平行,且有 OR、OI 及截面主反射率方向三者重合,非均质旋转角 $A_o = 0°$。若截面主反射率方向与 PP 渐有交角,A_o 角也渐变大,交角至 $45° \pm \frac{1}{2}A_o$ 时,A_o 角达最大,但由于 $45° \pm \frac{1}{2}A_o$ 位不易确定,故通常以 $45°$ 时的 A_o 角为最大值。如将载物台转动一周,则出现四次消光和四次明亮交替的现象,四次明亮方位位于相邻消光方位间 $45°$ 位置。

(二)非均质不透明矿物反射平面偏光产生周相差而造成椭圆偏光的性能

　　对于非均质不透明矿物,除产生上述反射偏光振动面的旋转外,还能使反射平面偏光产生不为零和 π 的周相差,其合成光波便称为椭圆偏光。如图 6-4 所示,将非均质不透明矿物置于 $45°$ 位置时,非均质反射椭圆长轴的方位发生了旋转,图中 a 为椭圆长轴,b 为椭圆短轴,A_r 为椭圆长轴与前偏光镜振动方向间的夹角,称为非均质视旋转角(简称视旋转角)。根据第二章的知识我们已知相差在 $0 \sim \pi$ 内,视旋转角随周相差逐渐增大而逐渐变大;在 $\pi \sim 2\pi$ 内,A_r 随周相差的增大而变小;在周相差接近 $0°$ 或 π 时,视旋转角 A_r 与非均质旋转角 $\theta(A_o)$ 比较接近;而周相差为奇数 π 时,A_r 角与 θ 角差别最大;矿物处于 $45°$ 位置时,非均质视旋转角 A_r 与非均质旋转角 θ 的关系如下:

$$\tan 2A_r = \tan 2\theta/\cos\Delta \quad (\Delta \text{ 为周相差})$$

当周相差很小时，$\cos\Delta \approx 1$，故 $A_r \approx \theta$；当 $\Delta = 0$ 时，$\cos\Delta = 1$，$A_r = \theta$。因为误差不会超过现在测定精度的 $\pm 0.1°$。多数非均质不透明矿物的周相差均较小（$\Delta < 10°$），所以它们的 A_r 与 θ 近于相等，在 45° 方位测得的 A_r 标准值是矿物的一个较重要的鉴定特征。

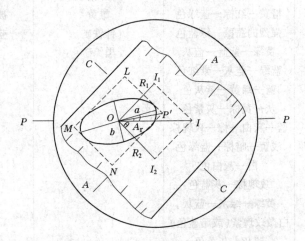

θ—非均质旋转角；A_r—非均质视旋转角；a—椭圆长轴；

b—椭圆短轴；$LMNP'$—外切矩形

图6-4　非均质不透明矿物在反射中形成椭圆偏光的一般情况

第二节　均非性和偏光色的观察方法

一、均非性的观察方法

在正交偏光下观察矿物的非均质性，须首先将矿相显微镜调节为直射条件，即使用低倍镜，缩小口径光圈，最好使用玻片反射器和适当缩小视野光圈，然后将上、前偏光镜严格正交，一般常用下列三种方法观察。

（一）严格正交偏光观察法

（1）均质性。旋转载物台一周呈现全消光或有一定亮度（暗灰色），但随载物台转动该亮度无任何变化的为均质矿物。但要注意须多观察几个颗粒，以免将"一轴晶垂直光轴的切面"或是"低级晶系垂直圆偏光轴的切面"误当均质矿物。另外，还应注意若消光完全，则为低反射率均质矿物；若消光不完全，则为高反射率矿物。

（2）非均质性和偏光色。旋转载物台一周呈现四次黑暗、四次明亮交替的现象，在两相邻消光位间的 45° 位置达最大亮度。有的矿物此时还显示偏光色，若矿物处于消光位时消光较完全，其反射光为平面偏光；若消光不完全，其反射光为椭圆偏光。前者为低反射率一轴晶任意切面以及垂直低吸收率的单斜、斜方晶系光学对称面的切面（这个切面由于周相差趋于零，故椭圆偏光与平面偏光相差无几）；后者是低级晶系的任意切面。

将非均质性矿物分为两级，见表6-1。

表 6-1　常见不透明矿物的偏光色

非均质性			
强	偏光色	弱	偏光色
毒砂	蓝绿—红棕—黄色	辉砷钴矿	蓝灰—棕色
斜方砷铁矿	橙黄—红棕—蓝绿色	雄黄	被强烈内反射掩盖
斜方砷镍矿	强烈的蔷薇—绿蓝色	针铁矿	蓝灰—黄棕—绿灰
红砷镍矿	黄绿—紫蓝—蓝灰	黑钨矿	黄—灰色
红锑镍矿	蓝绿—蓝灰—紫红色		
白铁矿	蓝—绿黄—紫灰色		
辉铋矿	灰—黄棕—灰紫色		
辉锑矿	蓝—灰白—棕—玫瑰棕		
软锰矿	浅黄—暗棕—蓝绿色		
硬锰矿	白—灰白色		
方黄铜矿	玫瑰棕—灰蓝色		
磁黄铁矿	黄绿—绿灰—蓝灰		
辉钼矿	白微玫瑰紫(或暗蓝色)		
赤铁矿	蓝灰—灰黄色		
辰砂	常为内反射掩盖		
水锰矿	黄蓝灰—暗紫灰色		
铜蓝	火橙—红棕色		
石墨	橙黄—火红色		
硼镁铁矿	淡蓝灰—红棕色		
白铅矿	被强烈内反射掩盖		
淡红银矿	黄—蓝灰色		
深红银矿	灰—黄白—蓝灰色		
钛铁矿	淡绿灰—棕灰色		
赤铜矿	深蓝灰—橄榄绿色		
雄黄	被强烈内反射掩盖		
孔雀石	被强烈内反射掩盖		
蓝铜矿	被强烈内反射掩盖		

　　强非均质性(包括特强、显著类):在一般光源下消光和明亮交替现象明显可见,且见有偏光色。包括铜蓝、辉钼矿、辉锑矿、白铁矿、石墨、磁黄铁矿、方黄铜矿、辉铋矿、红锑镍矿、红砷镍矿、硼镁铁矿、辰砂、毒砂、雌黄、深红银矿等。

　　弱非均质性(包括清楚、微弱类):在一般光源下消光和明亮交替现象能看到,有时见微弱的偏光色。包括黄铜矿、辉铜矿、自然铋、自然锑、车伦矿、黑钨矿、针铁矿、辉锑铅矿、锡石、白钨矿、黝锡矿、钛铁矿、雌黄、红锌矿等。

　　均质性矿物主要包括黄铁矿、磁铁矿、自然金、自然银、闪锌矿、镍黄铁矿、铬铁矿、方铅矿、黝铜矿、自然铜、蓝辉铜矿、辉银矿、斑铜矿等。

(二)不完全正交偏光观察法

　　有些弱非均性质的矿物,在严格正交偏光下观察时,由于 A_r 角很小,通过上偏光镜的光量极其有限,明暗变化现象不易看清。若将上偏光镜偏离 $1° \sim 3°$,使透过上偏光镜的光量增大,促使明暗变化显著和偏光色加强,在转动载物台一周时,有这样两种现象出现:①当偏离角 $\theta_d < A_r$(视旋转角)时,呈歪四明四暗,即消光位和最亮位不在 $90°$ 和 $45°$ 位置;②当 $\theta_d > A_r$ 时,消光和明亮呈二明二暗。

(三)油浸观察法

由于油浸条件下 A_r 的数值增大,透过上偏光镜的光亮差也增大,所有用上述两方法不能判断者,可在油浸中进行观察,因为浸油折射率 N 值增大将使双反射现象更加明显,非均质效应也更增强。

二、影响非均质性及偏光色正确判断的因素

(一)光源强度的影响

光源强度不同,对非均质效应的观察效果也有差异,见表6-2。

表6-2 矿物的均质性、非均质性视测分级

观测条件 分级 标志 视测分级	严格正交偏光法		不完全正交偏光法	
	15 W 光源	>30 W 光源	15 W 光源	>30 W 光源
强非均质性	有暗亮变化	明暗变化显著 可见颜色变化	明暗变化显著 可见颜色变化	暗亮和颜色 变化都明显
弱非均质性	明暗变化 不清楚	有明暗变化 颜色变化不清楚	有明暗变化 颜色变化不清楚	暗亮变化明显 可见颜色变化
均质性	暗亮、颜色 无变化	暗亮、颜色 无变化	暗亮、颜色 无变化	暗亮、颜色 无变化

(二)光片质量的影响

光片质量不佳,表面有擦痕、凹坑等现象时,往往形成漫反射,即使是均质矿物也会因此转动载物台时显示明暗变化,被误认为是非均质矿物,但这种变化在一个光片或视域为同一方向,具一致性,而非均质矿物的非均质效应可在各个颗粒中发生,且随矿物颗粒的方位而异。

(三)光片方位的影响

由于非均质矿物也有显均质效应的切片方位,同样有些等轴晶系的矿物由于受应力作用也可显现异常非均质效应,如黄铁矿在精心抛光后有时会显弱非均质性,因此在观察时要多观察几个颗粒。

(四)光片安装的影响

光片若安装不平,在转动载物台时也会引起明暗变化,但这种变化在载物台转动时是同一方向的变化。

(五)强内反射的影响

透明和半透明矿物,在正交偏光下由于具强烈内反射面而干扰非均质现象和偏光色显现,可转动上偏光镜一定角度来减小内反射的影响,再旋转物台观察矿物的均非性。

（六）其他因素的影响

这主要是矿相镜的质量，物镜的"应变"、反射器是否调节好、观察者的视觉等都会影响非均质效应的观察。

第三节　非均质视旋转角和非均质视旋转色散

一、非均质视旋转角 A_r

非均质不透明矿物因其两组平面偏光间存在着周相差，故合成的反射光不是平面偏光，而是椭圆偏光。椭圆长半轴 a 与入射偏光振幅 OI 之间的夹角，叫作非均质视旋转角，用 A_r 表示，见图6-4。

不同的非均质矿物，因其反射面的椭圆偏光形状不同，A_r 角也随矿物而异，因此 A_r 角可作为鉴定不透明非均质矿物的重要特征之一。但只有最大非均质视旋转角对矿物是个固定值，才有鉴定意义。

二、非均质视旋转角 A_r 与周相差和入射光波长的关系

当周相差在 $0 \sim \pi$ 范围内，A_r 随周相差增大而变大；当周相差在 $\pi \sim 2\pi$ 范围内，A_r 随周相差增大而变小。同一种矿物在不同波长下测得 A_r 的值不相同，即同种矿物其非均质视旋转角随入射光波长的改变而变化。

不论用何种波长测一轴晶平行光轴的切面，测出的值都是最大值，低级晶系的矿物因某一方向切面上测得的 A_r 值随波长而改变，因此规定以波长为589 nm 的黄光（钠光）为标准，凡是用它测出的 A_r 值为最大值的切面，在此面上用其他波长测出的 A_r 值虽并非为最大值，但也都算作标准值。

三、非均质视旋转角 A_r 的测量方法

因为非均质不透明矿物的 A_r 值与入射光波波长有关，所以需要用不同波长的单色入射光，一般采用470 nm、546 nm、589 nm 及690 nm 的单色光分别测量矿物的 A_r，测量时要在强光照射下采用上述波长的干涉滤光器作为光源。测定方法如下。

（一）转上偏光镜消光法（操作步骤）

（1）在正交偏光下选择非均性最强的颗粒（偏光色最明亮）置于视域中心。

（2）转动载物台使矿物处于消光位。记下载物台刻度，再转载物台45°，使矿物处于45°位置（此时矿物最明亮）。

（3）顺时针或逆时针旋转上偏光镜，使矿物消光或最暗，记下上偏光镜的转角，此转角即非均质视旋转角 A_r，若有双石英试片，将它插入试板孔中能使消光位定得更确切。当试片两半明暗相等时，表示反射光的椭圆长轴已严格与分析镜振动方向垂直。

（二）偏离角明暗次数测量法

我们将上偏光镜逆时针方向旋转一个小度数，这个偏离角 θ_d 与非均质矿物的视旋转角 A_r 间的相对大小对转载物台一周时的消光现象有如下的影响：

（1）$\theta_d = 0$，此时为正交偏光时，转动载物台一周产生正四明（矿物在45°位置时）四暗，矿物的两振动方向平行或垂直上偏光镜时即处于消光位时。当矿物离开消光位后，随载物台转动，非均质视旋转角逐渐增大，45°位置时达最大值，继续转载物台，A_r角又渐变小，90°时A_r为零，转到另一个消光位。

（2）$\theta_d < A_r$，转上偏光镜一小于非均质视旋转角的度数时，转载物台一周，出现歪（不对称）四明四暗，两个暗位间有很小的锐角，另两个暗位间为很大的钝角。

（3）$\theta_d = A_r$，转动载物台一周出现两明两暗。当转动载物台较大反射率方向在1、3象限的45°位置时显消光（或暗位），而在2、4象限45°位置时最明亮。

（4）$\theta_d > A_r$，转动载物台一周显两较明两较暗。因为在$\theta_d > A_r$的情况下不会发生消光，只出现暗位，但当$\theta_d > A_r$较小时，当较大反射率方向在1、3象限的45°位置时为较明，若上偏光镜逐渐转动，θ_d渐变大且远大于A_r时，透过上偏光镜的光强增大，明暗差别亦减小。

在正交偏光下，当上偏光镜的偏离角不同时，转动载物台一周，非均质矿物透过上偏光镜，光的振幅会发生变化，有下列五种情况：

（1）正交偏光下偏离角$\theta_d = 0$，透明非均质矿物透过上偏光镜，光的振幅变化曲线，当转载物台一周后时，显"正四明四暗"。

（2）正交偏光下偏离角$\theta_d = 0$，吸收性非均质矿物透过上个偏光镜，光的振幅变化曲线，当转载物台一周时，显"正四明四暗"。

（3）偏离角$\theta_d < A_r$，吸收性非均质矿物透过上偏光镜，光的振幅变化曲线，转载物台一周后，显"歪的四明四暗"。

（4）偏离角$\theta_d = A_r$，吸收性非均质矿物透过上偏光镜光的振幅变化曲线，转载物台一周，显"两明两暗"。

（5）偏离角$\theta_d > A_r$，吸收性非均质矿物透过上偏光镜光的振幅变化曲线。转载物台一周，显"两较明两较暗"。若θ_d继续增加，则曲线振幅变小，强度差别愈来愈小。

四、矿物的非均质视旋转色散

（一）非均质视旋转色散的基本概念
由于矿物的非均质视旋转角值取决于矿物的折射率N和吸收系数K，而N和K是随入射光波长不同而变化的，因此非均质视旋转角的数值也必然随光的波长不同而变化，这种现象称为非均质视旋转色散，也叫作非均质旋转色散，用符号DA_r表示。

非均质视旋转色散分三种情况：即$DA_r = v > r$；$DA_r = r > v$；$DA_r = v = r$。式中v代表蓝光，r代表红光。

非均质视旋转色散通常有两种测量方法：一种是定量的，一种是定性的。视旋转色散曲线即是定量表示法，定性表示法即是用DA_r表示。

（二）非均质视旋转色散的测定（定性）
1. 偏光色消色顺序法
用白光在正交偏光下置矿物于45°角位置（此时矿物最亮），旋转上偏光镜得到最暗位置。观察暗前和暗后的颜色以确定色散符号。如暗前呈红、橙，此时短波段的反射光垂直于上偏光镜而被切去，暗后显蓝、紫，此时长波段的反射光垂直于上偏光镜而被切去，则证明$DA_r = r > v$，反之则为$DA_r = v > r$。

2. 单色光偏离角明暗次数测定法

这种方法也称单色光不完全正交测定法,当旋转上偏光镜至一定偏离角后,分别以红、蓝光观察,实际操作步骤如下:

(1)置蓝色滤光片(或红色滤片)于光源和前偏光镜之间,减小偏离角由转载物台一周显两明两暗转为歪四明四暗为止。

(2)换置为红色滤光片(或蓝色滤片),不改变偏离角 θ_d,若显两明两暗,则说明 $DA_r = v > r$(反之为 $r > v$)。

(3)若此时(红色滤片下)仍显四明四暗,则重新加大偏离角后再逐渐减小偏离角,使之由显两明两暗变为显歪四明四暗为止(此时 A_r 红 > θ_d),再换置蓝色滤片观察,此时若显两明两暗(此时 A_r 蓝 < θ_d)则表示该矿物切面的 $DA_r = r > v$(反之 $v > r$)。

(4)此时若仍显歪四明四暗则表示该矿物切面的视旋转色散符号 DA_r 为 $r = v$ 或 $r \approx v$。

同理,可以用由转载物台一周显四明四暗转为显两明两暗,再换滤光片的方法加以复验。对非均质性较弱的矿物采用由两明两暗转为歪四明四暗的测定程序为宜,对非均质性较强的矿物以采用由歪四明四暗转为两明两暗的测定程序为宜,对是歪四明四暗或是两明两暗可由如下的暗亮变化情况判断:两个最亮方位(相隔180°)的垂直方位上的亮度大于其两侧方位的亮度即为歪四明四暗,反之近于或小于其两侧方位的亮度即为两明两暗。

部分非均质矿物的视旋转色散符号见表6-3。

表6-3 部分非均质矿物的视旋转色散符号

晶族	色散符号		
	$v > r$	$r > v$	$v = r$ 及 $r \approx v$
	矿物名称		
中级晶族(一轴晶)	针镍矿、辉钼矿、淡红银矿、深红银矿、菱铁矿	黑柱石、铜蓝、石墨、磁黄铁矿、镜铁矿、软锰矿、辉钼矿(六方)	褐锰矿、纤锌矿、方解石、锡石、赤铁矿、辰砂、黑锰矿
低级晶族	辉铋矿、辉锑铁矿、脆硫锑铅矿、毒砂、斜方硫锑铋矿、水锰矿	针铁矿、硫锑铅矿、辉锑锡铅矿、硫砷铜矿、斜方硫锑铅矿、钨锰矿、硼镁铁矿	水锰矿、方黄铜矿、斜方砷镍矿、雄黄、雌黄、铌钽铁矿

第四节 非均质矿物旋向符号

一、非均质矿物旋向符号的基本概念

非均质矿物旋向(旋转方向)符号是指矿物截面主反射率大小与结晶要素(如解理、晶轴、延长、双晶等)之间的关系,由于非均质矿物二截面主反射率合成的反射平面偏光振动方向或椭圆长轴方向总是朝着反射率大的方向旋转,因此旋转方向的正负取决于反射率的大小,规定反射力大的方向为正,反射力小的方向为负。当矿物结晶要素方向的反射率大(垂直此结晶要素方向反射率小)时为正旋向(+);反之,则为负旋向(-),见图6-5。

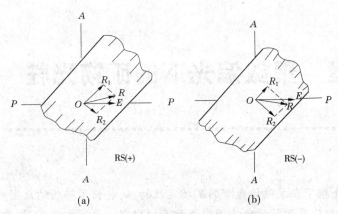

图6-5　非均质矿物旋向符号示意图

注意:(1)对于同一种矿物结晶要素不同,其旋向符号有时也可不同。例如,铜蓝 RS 解理(－);RSC 轴(＋)。

(2)测定时对色散小的矿物可用白光,但对色散大的矿物需用单色光,因旋向正负可能随波长而改变。

二、旋向符号的测定方法

(一)旋转上偏光镜消光法

以某一具有一组完全的底切面(0001)解理的六方晶系矿物为例,操作如下:

(1)转动载物台使矿物解理平行东西十字丝方向(即平行前偏光镜振动方向)。

(2)逆时针方向转动载物台 45°,将解理转至 1、3 象限。

(3)再旋转上偏光镜使之消光。若逆时针方向旋转使矿物消光,表明合成光波朝解理方向旋转,底切面解理方向为较高反射率方向,则旋向为正,记作 RS(0001)解理(＋);若顺时针方向旋转才能使矿物消光,则说明解理方向为较低反射率方向,此时旋向为负,记作 RS(0001)解理(－)。

假如顺时针转载物台 45°,将矿物解理转至 2、4 象限,情况恰好相反,若逆时针旋转使矿物消光,则旋向为负;若顺时针旋转使矿物消光,则旋向为正。

(二)单偏光下的双反射法

旋向符号实际上是决定结晶要素方向的反射率是高还是低。反射率高,是正;反射率低,是负。因此,在单偏光下,利用双反射现象观察矿物结晶要素方向的反射率高低也可决定旋向的正负。

以辉钼矿为例,操作如下:

(1)将辉钼矿的(0001)解理转至平行东西十字丝(即平行前偏光镜 PP),观察此时反射率的大小。

(2)再转载物台 90°,使解理转至平行南北十字丝(即垂直前偏光 PP),再观察此时的反射率的大小。

(3)比较二次的观察结果,若第一次的反射率大于第二次的反射率,表明解理方向反射率高,记作 RS(0001)解理(＋);若第一次的反射率小于第二次的反射率,表明解理方向的反射率低,记作 RS(0001)解理(－)。

第七章　聚敛偏光下的矿物光性

　　聚敛偏光下矿物反射时发出的光学现象较垂直入射偏光要复杂得多,在矿相显微镜下观察矿物,当入射光线自反射器垂直反射向下经高倍物镜时,被物镜聚敛成圆锥形光束,这束光除透镜中心的一根光束是垂直入射的外,其余都是倾斜的,越往视域边缘,斜度越大,即入射角越大(物镜的聚敛程度是随数值口径的增加和焦距的缩短而增大的,也就是低倍物镜的聚敛程度越小,而高倍物镜的聚敛程度越大)。入射角是指入射光线与法线之间的夹角,反射角是反射光线与法线之间的夹角,入射角等于反射角,入射光线与反射光线组成的面称为入射面。入射面垂直于矿物光片,入射面中与光片表面垂直的线称为法线。

　　直线偏光垂直投射于均质金属矿物上,其反射光的振动方向不发生变化。当直线偏光斜射于金属矿物光片上,其反射光将产生两种现象:一为反射光振动面的旋转,即反射光的振动面将与入射光的振动面在方向上不一致,两个振动面之间产生一个夹角;二为反射光因产生不为 0 和 π 的周相差而发生椭圆偏化,形成反射椭圆偏光。

第一节　反射旋转效应和均质矿物的偏光图

一、金属矿反射旋转的基本概念

(一)反射旋转

　　直线偏光斜射于矿物光片上,被矿物反射后,由于垂直和平行入射面两个方向上的反射率不等,使反射的直线偏光振动方向发生了旋转,这种现象称为反射旋转。对于金属矿物反射光波除发生偏光振动面旋转外,还由于垂直和平行入射面两个方向上的反射光波产生周相差而造成椭圆偏光,反射椭圆偏光长轴不同于入射偏光振动方向,而发生了一个夹角为 R_r 的旋转,这种现象称为金属矿物的反向旋转。

　　反射旋转与非均质旋转不同,非均质旋转是指直线偏光垂直投射到非均质矿物光片上,由于两个互相垂直的主反射率不等,反射的直线偏光振动发生旋转(非均质金属矿物在两个方向上的反射光波之间还有周相差,而使反射光波变成椭圆偏光),这种现象称为非均质旋转。非均质旋转总是朝着高反射率方向旋转,在整个视域中旋转方向相同,旋转角相等。而反射旋转在Ⅰ、Ⅲ象限与Ⅱ、Ⅳ象限不仅旋转方向不同,而且在视域各点的旋转角也不相等。

(二)矿物对直线偏光的反射旋转和反射椭圆偏光

直线偏光透过物镜使光线聚敛成圆锥形光束,这种光束投射于矿物光片上,可有三种不同情况的入射面:①入射面与直线偏光振动面平行;②入射面与偏光振动面垂直;③入射面与偏光振动面斜交。这三种不同的入射面,其反射偏光振动的旋转情况亦不相同:①、②两种反射光不发生偏光振动面的旋转;第③种反射光将发生偏光振动面的旋转,对金属矿物由于反射光产生周相差而形成反射椭圆偏光。

"反射旋转"的机制如图7-1所示,图中 PP 代表前偏光的振动方向,AA 代表上偏光的振动方向,XX 和 $X'X'$ 为入射面,I 为入射直线偏光的振动方向。它既不平行也不垂直于入射面,而直线偏光斜射于均质矿物光片上,入射偏光分解为平行入射面 $I_\parallel$ 和垂直入射面 $I_\perp$ 两部分,此两部分经反射后为 $E_\parallel$ 和 $F_\perp$,其振幅 $OI_\parallel$ 和 $OI_\perp$,与 $OE_\parallel$ 与 $OE_\perp$ 不一致且 $OE_\perp$ 总是大于 $OE_\parallel$,因此反射光合振幅 OE 的方位不同于入射光 OI,二者不再重合而发生了偏光振动面旋转,这种现象叫作偏光振动面的反射旋转,反射光合成振幅 OE 和反射旋转角 $R_{\gamma\beta}$ 的大小,与入射角成正比关系,即旋转角自视域中心向边缘随入射角增大而增大,自十字线两侧45°对角线方向,由于偏光振动面与入射面之间的夹角逐渐减小,旋转角逐渐变大,且沿十字线两侧呈对称分布;由于 $OE_\perp > OE_\parallel$,因此反射旋转在Ⅰ、Ⅲ象限为顺时针方向,Ⅱ、Ⅳ象限为逆时针方向,为对称分布。除此,OP 与 $R_{\gamma\beta}$ 的大小也与矿物本身性质有关。

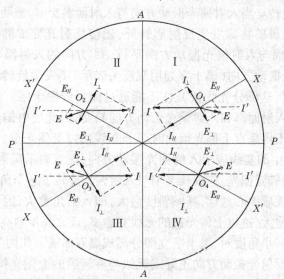

Ⅰ、Ⅲ象限作顺时针旋转;Ⅱ、Ⅳ象限作逆时针旋转;$\angle I'OE$ 为反射旋转角 $R_{\gamma\beta}$

图7-1 平面偏光斜射于均质物体(矿物)在视域各象限中对入射平面偏光的反射情况
(据邱柱国,1982)

斜射光若投射于金属矿物上,除产生上述情况的反射旋转外,还由于 $R_\perp$ 和 $R_\parallel$ 两个反射分量之间有周相差,因此合成反射光波不再是直线偏光,而是椭圆偏光,椭圆长半轴方向不同于入射偏光振动方向,二者之间的夹角称为反射视旋转角 B_r,这种现象称为反射椭圆旋转。在视域四个象限中椭圆长半轴的旋转方向与上述反射旋转情况相同。椭圆性质与入射光波的波长、方位角、入射角及矿物本身的性质有关。若矿物的吸收性小,则椭圆度很低,可近似看作直线偏光。

二、反射旋转效应和均质矿物的偏光图

若置一均质矿物于聚敛正交偏光下,加上勃氏镜(如无勃氏镜,则须取掉普通目镜,或将普通目镜换为针孔目镜)便可看见在视域的南－北与东－西直径上呈现消化,出现一个黑十字(或暗十字);而在东北、西南、西北和东南四个象限出现明亮,此图像称为偏光图。均质矿物的偏光图在形态上与透明薄片垂直一轴晶光轴切面的干涉相类似,但没有干涉图。若自正交位置旋转上偏光镜,黑十字逐渐分离成两个黑双曲线,如果上偏光镜作逆时针方向旋转,黑双曲线出现在Ⅱ、Ⅳ象限;如果作顺时针方向旋转,黑双曲线出现在Ⅰ、Ⅲ象限,黑双曲线并随分析镜转角的增大而逐渐逸出视域。不论是严格正交偏光下的黑十字,还是旋转上偏光镜后的黑双曲线,当旋转载物台一周时,黑十字或黑双曲线均不发生变化,在黑双曲线图形中还可见到双曲线中段的凸凹面出现红、蓝色散或双曲线中段本身带色而非黑色的现象。

均质矿物偏光图的黑十字图形和旋转上偏光镜后的黑双曲线图形均由反射旋转效应造成,这种偏光图的形成可作如下解释。

(一)均质矿物偏光图的形成

我们已知,当入射偏光振动方向与入射面平行或垂直时,反射偏光的振动方向仍为入射的振动方向,不发生旋转。当入射偏光振动方向与入射面斜交时,透明矿物反射光的振动方向会旋转一个角度;金属矿物除发生反射旋转外,还使反射光变成椭圆偏光。如图7-2所示,在 PP 方向的入射面与入射偏光振动方向平行,AA 方向的入射面与入射偏光振动方向垂直,因而它的反射光振动方向(黑十字处用双箭头表示)不发生旋转,仍为东西方向振动,当到达上偏光镜 AA 时,这部分光线被截住不能透过而形成黑十字。在黑十字以外的四个象限中任意一点上的入射面都和入射偏光振动方向斜交,因此反射偏光振幅都将发生不同角度的旋转。反射光不再垂直上偏光镜面时部分光线透过上偏光镜,使四个象限明亮。如图7-2所示,四个象限中的实线表示入射偏光振动方向,虚线表示反射偏光振动方向,对均质金属矿物,反射光为椭圆偏光,椭圆长半轴对入射偏光旋转了一个角度。

由于入射光线离视域中心愈远,其倾斜度愈大,即入射角愈大,因而愈远离视域中心和十字线反射旋转角亦愈大,透过上偏光镜的光线亦愈多,随之亮度愈亮。

当上偏光镜旋转一小角度时,黑十字立即分离成黑双曲线。如图7-3所示,黑双曲线所处位置上的每个点的反射光振动方向正好或近似与旋转后的上偏光镜垂直,即反射旋转角与上偏光镜转角正好或近似相等。由于反射旋转在Ⅰ、Ⅲ象限为顺时针方向,因此顺时针转上偏光镜,黑双曲线未必出现在Ⅰ、Ⅲ象限;Ⅱ、Ⅳ象限反射旋转为逆时针方向,因此要使黑双曲线出现在Ⅱ、Ⅳ象限,则必须逆时针方向转向偏光镜。

当黑双曲线两顶端较靠近时,上偏光镜转角小,随转角的增大,曲线两顶端也逐渐远离。最后到达视域边缘并逸出视域,这时上偏光镜的转角正好等于该矿物的最大反射旋转角。

(二)反射旋转色散 DR_r 和椭圆色散 DE

当入射光为白光时,观察偏光图可以看到下列两种现象:

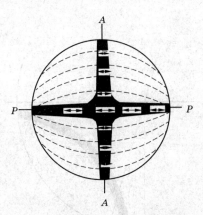

PP—下偏光镜；AA—上偏光镜；正交黑十字处反射光振动方向没旋转用

双箭头表示，它与 AA 垂直，四象限中实线为入射光线振幅，

虚线为反射偏光振幅

图 7-2　均质矿物黑十字偏光图的形成

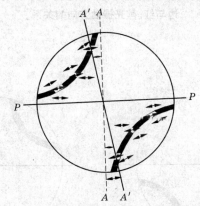

图 7-3　均质矿物黑十字偏光图在旋转上偏光镜后黑

十字分离成黑双曲线

（1）反射旋转色散 DR_r。自偏光镜正交位置转上偏光镜，黑十字分离为黑双色曲线，在双曲线中段的凹面和凸面分布有红色、蓝色，这种现象称为反射旋转色散，这种现象是由于不同光色有不同的反射旋转角而造成的。

如图 7-4 所示，在黑双曲线处白光所有波长色光的反射（视）旋转角 R_r（$R_{r\beta}$）都近似等于上偏光镜转角，即在黑双曲线处所有波长色光的振动方向都近似垂直于上偏光镜，因而在这些地段没有波光透过而呈现黑色。在黑双色曲线的凸面，蓝光的反射旋转角 $R_{r蓝}$ 较大，故蓝光振动方向（实线）正好垂直上偏光镜而消光，而红光（虚线）的反射旋转角 $R_{r红}$ 较小，与上偏光镜不能垂直，所以不消光，红光可透过上偏光镜，因此凸边出现红色。在黑双曲线的凹边由于所处的位置比凸边离视域中心要远，也就是入射角要大，因此在凹面上的蓝光旋转角比凸面上的红光旋转角大，与上偏光镜不再垂直而可透过上偏光镜。而凹面上的红光旋转角（虚线）却比凸面上的要大，正好大到与上偏光镜垂直而消光，因此在凹面上出现蓝光。当黑双曲线凸面出现红色，凹面出现蓝光时，必定是 $R_{r蓝} > R_{r红}$，因此反射旋转色散蓝大于红，用符号表示为 $DR_r = v > r$（见图 7-5（a）），如果色边配置相反，即凸面蓝，凹面红，则为

$DR_r = r > v$，见图 7-5(b)。

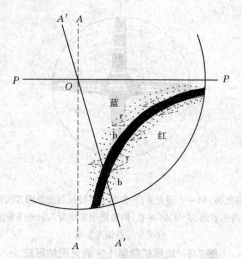

图 7-4　反射旋转色散，当转动上偏光镜时，双曲线消光带色
边与红、蓝光振动方向的关系

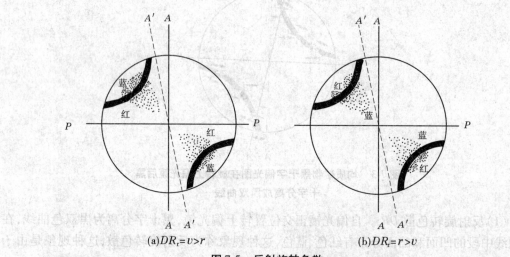

(a)$DR_r = v > r$　　　　　　　　(b)$DR_r = r > v$

图 7-5　反射旋转色散

(2)椭圆色散 DE。有些吸收性很强的矿物，比如自然金属金、铜、银等，其偏光图的黑十字在旋转上偏光镜后分离成黑双曲线，但只在黑双曲线两端呈黑色或暗灰，而中段显明亮颜色，这种颜色一直延续至偏光图的中心，这是由于椭圆偏化引起的。由于椭圆度和长轴的方位与长轴的大小可以随光波而变化，因此称为椭圆色散，用符号 DE 来表示。例如，自然金偏光图的双曲线消光带因椭圆色散而使中段模糊而且带黄色或橙黄色(见图 7-6)。

双曲线暗带中段不消光的原因是中段的椭圆度较两端的为大，因而透过上偏光镜的光亮较两端的强一些。之所以会产生同一矿物中段椭圆度较大的原因是合成椭圆的两互相垂直的直线振动(一平行入射面，一垂直入射面)的振幅相等或近于相等的缘故；而两端椭圆度较小，是由于两垂直分振动的振幅大小相差很远的缘故。不同矿物的吸收率不同。由于各矿物两垂直分振动间的相差随吸收率的增大而增大，因而吸收率较强的矿物的椭圆度较

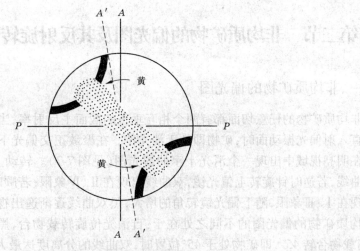

图7-6 自然金椭圆色散

大,吸收率较弱的矿物的椭圆度较小,透明矿物的椭圆度为零。

大多数矿物由于吸收率不强,椭圆偏光很扁,近似直线偏光。因此,当椭圆长轴垂直上偏光镜时,就近似于完全消光而使双曲线呈黑色,具椭圆色散的均质矿物不多,只有几种自然金属。

均质矿物偏光图见表7-1。

表7-1 均质矿物偏光图

矿物	转上偏光镜后	反射旋转色散 DR_r		椭圆色散 DE
自然金	两端灰黑色,中段及中心橙黄色	因椭圆偏光而不显		强(橙黄色)
自然银	两端灰黑色,中段及中心黄白色	因椭圆偏光而不显		弱(黄白色)
自然铜	两端灰黑色,中段及中心铜红色	因椭圆偏光而不显		强(铜红色)
黄铁矿	黑色,具明显红蓝边	$v > r$	中等	无
镍黄铁矿	黑色,不显边色	无		无
方铅矿	黑色,凹边具明显红色边	$r > v$	弱	无
辉银矿	黑色,具明显红蓝色边	$r > v$	中等	无
黝铜矿	黑色,凹边具微红色边	$r > v$	弱	无
铬铁矿	黑色,具弱色边	$r > v$	弱	无
觉铜矿	黑色,凹边红色,双曲线	$r > v$	强	无
磁铁矿	黑色,凹边具微弱红色	$r > v$	强	无
闪锌矿	黑色,凹边具微弱红色边,蓝色边不清楚	$r > v$	弱	无
新铁尖晶石	黑色,具微弱色边	$r > v$	弱	无
硫锰矿	黑色,凹边具微弱红色边	$r > v$	弱	无
黑辰砂	黑色,凸边蓝色明显	$r > v$	弱	无
蓝辉铜矿	黑色,具明显色边	$r > v$	强	无
辉砷镍矿	黑色,色边弱	$v > r$	弱	无

第二节　非均质矿物的偏光图及其反射旋转色散、视旋转色散

一、非均质矿物的偏光图

　　非均质矿物的任意切面都有两个相互垂直的截面主反射率,当其中一个主反射率平行或垂直入射偏光振动面时,矿物即处于消光位。在聚敛正交偏光下将具有如同均质矿物一样的在明亮视域中出现一个消光十字的偏光图(见图7-7)。转动上偏光镜,黑十字会分离黑双曲线,若逆时针旋转上偏光镜,双曲线出现在Ⅱ、Ⅳ象限;若顺时针旋转上偏光镜,双曲线出现在Ⅰ、Ⅲ象限,随上偏光镜转角的增大,黑双曲线逐渐逸出视域。非均质矿物的偏光图与均质矿物的偏光图的不同之处在于:自消光位旋转载物台,黑十字立即分离成黑双曲线,当载物台转45°,即矿物处于45°位置时,双曲线的分离度达最大。转动载物台一周出现四次黑十字,四次黑双曲线,即产生"正四分四合"。若转上偏光镜一个小的偏离角 θ_d,即 $\theta_d < A_r$ 时,转载物台一周,产生"歪四分四合",即黑双曲线在某两对角象限的分离度增大,而在另两个对角象限则分离度减小;当 $\theta_d = A_r$,转载物台一周时,黑双曲线仅在两个对角象限(上偏光镜转入的两象限)活动,在另两个对角象限则无黑双曲线出现,因而产生"两分两合";当 $\theta_d > A_r$,转载物台一周时,黑双曲线仅在两对角象限活动产生"两分不合","不合"的距离(即黑双曲线顶点最小的距离),随 θ_d 的增大而增大。

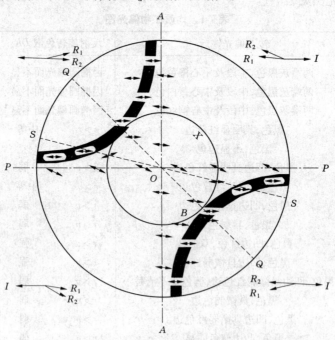

I 为入射光振幅;R_1 代表反射偏光的反射旋转;十字线上的双箭头线代表

非均质旋转;R_2 代表反射旋转和非均质旋转之和

图7-7　非均质矿物处于45°位置时的黑双曲线偏光图

二、反射旋转在非均质旋转效应的叠加及非均质矿物偏光图的形成

非均质矿物在消光位时的偏光图如同均质矿物一样,是一个黑十字,旋转上偏光镜黑十字分离成黑双曲线,其成因与均质矿物相同由反射旋转效应造成。非均质矿物自消光位转载物台到45°位置,此时黑双曲线分离度最大,此现象仍是反射旋转效应造成的,除此还多了一种非均质旋转效应。非均质矿物的偏光图是这两种旋转效应叠加造成的。如图7-7所示,矿物在45°位置。I 为入射偏光振幅,其振动方向与上偏光镜垂直,假定位在 Ⅱ、Ⅳ 象限黑双曲线位置和 Ⅰ、Ⅲ 象限相应位置上反射光振幅为 R_1,由于反射旋转使反射振幅与入射光振幅之间有一个夹角,即反射旋转角 $R_{r\beta}$,对金属矿物为反射视旋转角 R_r。非均质矿物在45°位置时,不仅有反射旋转角 $R_{r\beta}$,同时还有非均质旋转角 $A_{r\beta}$(金属矿物为非均质矿物视旋转角 A_r)。这两种旋转角在一对角线两象限内,因旋转方向相同而增大,视域变明亮;而在另一对角线两象限内则因旋转方向相反而减小,在某一定位置上两角相抵消,使反射偏光振动面垂直上偏光镜而成黑双曲线。

反射旋转在 Ⅰ、Ⅲ 象限为顺时针方向,Ⅱ、Ⅳ 象限为逆时针方向,由视域中心向边缘和自十字线两侧向45°对角线方向反射旋转角逐渐增大,非均质旋转的方向永远是朝着反射率高的方向旋转,在整个视域四个象限中旋转方向相同,旋转角度也相同。图7-7中的非均质旋转为顺时针方向,在 PP 和 AA 线上用双箭头表示的是,因此在 Ⅰ、Ⅲ 象限反射旋转和非均质旋转方向都是顺时针方向,故二旋转角 $R_{r\beta}$ 和 $A_{r\beta}$(或 R_r 和 A_r)叠加后转角变大(见图中 Ⅰ、Ⅲ 象限视域外的 R_2),透过上偏光镜的光亮也相应变大,且无一处转角相抵消,故无消光现象。在 Ⅱ、Ⅳ 象限,由于反射旋转是逆时针方向,非均质旋转是顺时针方向,故二旋转角旋转方向相反,叠加后总的旋转角减小(Ⅱ、Ⅳ 象限视域外的 R_2)。在黑双曲线位置上由于二旋转角大小相等而反方向相反,正适抵消,故反射光振幅没有旋转仍为东西向,与上偏光镜垂直,不能透过上偏光镜而消光。

在黑双曲线凸面因 $R_{r\beta} < A_{r\beta}$(或 $R_r < A_r$),凹面因 $R_{r\beta} > A_{r\beta}$(或 $R_r > A_r$),反射光振幅与上偏光镜不完全垂直,故可透过上偏光镜而呈明亮,由于叠加后总的转角减小,故透过上偏光镜的光线变少,亮度较弱。

如果转动载物台90°,矿物高反射率方向也相应转了90°,因此非均质旋转由顺时针方向变为逆时针方向。反射旋转在 Ⅱ、Ⅳ 象限为逆,故二者叠加后旋转角变大,透过上偏光镜光亮变大,且不可能出现消光现象;Ⅰ、Ⅲ 象限二旋转方向相反,叠加后总的转角变小,则透过上偏光镜光亮变小,在反射旋转角非均质旋转角相等的地方因旋转方向相反而抵消,故消光呈黑曲线。

三、非均质矿物偏光图中的色散现象

非均质矿物位于消光位时(黑十字时)自正交位转上偏光镜,使黑十字分解为双曲线,这时黑双曲线中段的凹凸边常显现颜色,这种颜色效应和均质矿物一样是反射旋转色散 DR_r。在正交偏光下,当非均质矿物位于消光位时是一黑十字,若转动载物台至45°位置,则黑十字便逐渐分离成黑双曲线,在双曲线中段凹凸侧常显现颜色,这是矿物非均质性旋转色散(或视旋转色散)和反射旋转色散共同作用的结果,它称为综合色散,用符号 $D(R_r + A_r)$ 表示。这两种色散有时相同,有时相反,因此综合色散有时加强,有时相互抵消。非均质矿

物的偏光图在白光中除非均质视旋转色散 DA_r 外,还有反射旋转色散 DR_r 和椭圆色散 DE。DR_r 和 DE 的现象及成因与均质矿物相同,可在非均质矿物位于消光位时旋转上偏光镜观察。非均质矿物的反射旋转色散 DR_r 和视旋转色散的关系见图 7-8。如图 7-8(a)、(b)、(c)、(d)中的上半部分表示反射旋转色散 DR_r,下半部分表示几种不同情况下的综合色散。由反射旋转和综合色散在大多数情况下可以推断出矿物的非均质视旋转色散 DA_r,DA_r 的直接观察方法已在第六章第三节中叙述。根据 DR_r 和综合色散现象推断 DA_r 可有下列几种情况:

(1)非均质金属矿物位于消光位时旋转上偏光镜黑,双曲线偏光图的反射旋转色散边配置与正交偏光下旋转载物台处于45°位置时,黑双曲线综合色散边配置相反(见图 7-8(a)),则 DA_r 与 DR_r 色散符号相同,若 $DR_r = r > v$,则 $DA_r = r > v$;若 $DR_r = v > r$,则 $DA_r = v > r$。

(2)非均质金属矿物位于消光位时旋转上偏光镜,黑双曲线偏光图边缘有明显红、蓝色散,但当偏光镜正交而旋转载物台使矿物处于45°位置时,偏光图黑双曲线边缘无颜色(见图 7-8(b)),这时反射旋转色散与非均质视旋转色散符号相同,$DR_r = r > v$ 时,则 $DA_r = r > v$;$DR_r = v > r$ 时,则 $DA_r = v > r$。

(3)当矿物位于消光位时旋转上偏光镜,黑双曲线边缘无颜色。而偏光镜正交时旋转载物台使矿物处于45°位置时,黑双曲线边缘出现明显的色边,若凸边红色,凹边蓝色,则 $DA_r = r > v$;若凸边蓝色,凹边红色,则 $DA_r = v > r$。

(4)矿物的反射旋转色散与综合色散边配置相同时(见图 7-8(c)),只能根据红、蓝色边颜色的相对强弱来估计 DA_r 的符号。由于有时颜色不够清晰,色边相对强弱难以判别,故按这种综合色散来推断 DA_r 不够准确。按色边相对强弱推断可有三种情况:①DR_r 与综合色散边强弱相同,可确定 DA_r 无色散或极弱;②综合色散边颜色比 DR_r 色边强度要弱,此时可确定 DR_r 与 DA_r 符号相同;③综合色散边颜色比 DR_r 色边强度强,此时可确定 DR_r 与 DA_r 色散符号相反。

每幅图的第一部分是矿物处于消光位,上偏光镜(AA 为振动面)逆时针偏转。各图的第二部分是上偏光镜 AA 与前偏光镜 PP 正交,矿物处于 Ⅱ、Ⅳ 象限45°位置,在此位置矿物非均质旋转为顺时针方向。OR、NR 和 OB、NB 分别为 O 点和 N 点红光与蓝光经反射旋转后的振动方向;OR_1、NR_1 和 OB_1、NB_1 分别表示红光和蓝光叠加与之反方向的非均质旋转后的振动方向。红边用细点表示,蓝边用粗点表示。

图 7-8(d)表示的是矿物处于消光位,逆时针旋转上偏光镜,黑双曲线边缘无色边显色散,即 $DR_r \approx 0$;而当偏光镜正交时旋转载物台使矿物处于45°位置时,黑双曲线边缘出现明显色边,其凹面显红色色边,凸面显蓝色色边,其 $DA_r = v > r$;若此时凸面色边相反,则 $DA_r = r > v$。

当矿物处于消光位时逆时针旋转上偏光镜,黑十字分离成黑双曲线且位于 Ⅱ、Ⅳ 象限,在黑双色曲线凹面呈明显红色、凸面呈明显蓝色,这种色散单纯由反射旋转造成,由色边配置表明 $DR_r = r > v$(见图 7-8(a)的第一部分)。转上偏光镜使双曲线恢复成黑十字,再转载物台45°,此时矿物处于45°位置,黑十字又分离成黑双曲线,且双曲线亦位于 Ⅱ、Ⅳ 象限,此时双曲线凹面呈蓝色,凸面呈红色(见图 7-8(a)的第二部分),这种色边是由非均质视旋转色散和反射旋转色散综合的结果。

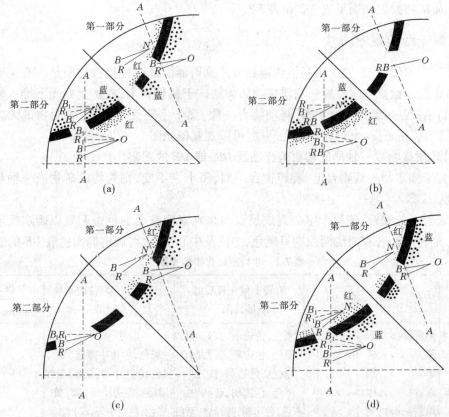

图 7-8　红光和蓝光振动方位的旋转及与非均质矿物偏光图的色边关系

图 7-8(a)的第一部分凸面是蓝色,说明红光振动方向 OR 垂直旋转后的上偏光镜,故消光,而透过蓝光;凹面显红色,说明蓝光振动方向 OB 垂直于 AA,故消光而透过红光。反射旋转角离视域中心向边缘是逐渐增大的,因此红光的反射旋转角($D_{r红}$)必是大于蓝光的反射旋转角($R_{r蓝}$),所以 $DR_r = r > v$。

在图 7-8(a)的第二部分,OR、OB 和 NR、NB 表示红、蓝光反射旋转振动方向,即与上半部分中的 OR、OB、NR、NB 相当。但此时非均质旋转是顺时针方向,而反射旋转在 Ⅱ、Ⅳ 象限为逆时针方向,二者叠加后趋于减弱。在黑双线凸边显红色,表明蓝光的非均质视旋转角 A_r 等于蓝光的反射视旋转角 R_r,也就是非均质视旋转角正好将蓝光由原 OB 处转回到与上偏光 AA 相垂直的 OB_1 处,因而蓝光消光,显红色边,表明红光的振动方向经叠加后仍不垂直 AA;凹面显蓝色,表示红光的 A_r 等于红光的 R_r,即非均质旋转角正好将红光由原 NR 处转回到与上偏光镜 AA 垂直的 NR_1 处,故红光消光,显蓝色边,表明蓝光振动方向经叠加后不垂直于 AA。矿物的非均质旋转角(同一色光)在整个视域内都是相同的,而反射旋转角由视域中心向边缘是逐渐增大的,因此在凸边 $A_{r蓝} = R_{r蓝} = \angle BOB_1$,在凹边必然是 A_r 蓝 $< R_{r蓝} = \angle BNB_1$,即蓝光的振动方向未达到与 AA 垂直位置,而处于 NB_1 处;在凹边 $A_{r蓝} < \angle BNB_1$,而 $A_{r红} = \angle RNR_1$,由图可看出 $\angle RNR_1 > \angle BNB_1$,即 $A_{r红} > A_{r蓝}$,由此可确定铜蓝的 $DA_r = r > v$。

另一种推断法是:在图 7-8(a)的第二部分,凸边 $A_{r蓝} = R_{r蓝}$,而由图上第一部分可知 $DR_r = r > v$,即 $R_{r红} > R_{r蓝}$,所以 $R_{r红} > A_{r蓝}$,即 $A_{r蓝} <$ 凸面 $R_{r红}$,所以 $A_{r红} >$ 凸面 $R_{r红}$,由于 $A_{r蓝} <$ 凸面 $R_{r红}$,故必定 $A_{r红} > A_{r蓝}$,$DA_r = r > v$。

非均质矿物的偏光图见表7-2和表7-3。

四、偏光图的观察方法

观察矿物的偏光图,要采用高倍物镜和玻片反射器。此时应检查物镜是否有应变和偏光镜是否正交。检查方法是置一均质矿物如黄铁矿于载物台上,在正交偏光下推入勃氏镜(或取下目镜)见一黑十字偏光图,转动物台一周,黑十字不变不分离,表明物镜无应变现象,偏光镜为严格正交,反射器等均无问题,可以观察偏光图。

(一)均质矿物或一轴晶底切面偏光图及 DR_r 或 DE 的观察

(1)置未知矿物于载物台上,旋转物台一周,黑十字不变,则为均质矿物或一轴晶底切面的矿物。

(2)旋转上偏光镜,使黑十字分离成黑双曲线观察凹凸面的色边配置以确定反射旋转色散 DR_r 的符号。若双曲线两顶端呈黑色,中段及中心呈色,可确定椭圆色散 DE 的颜色。

表 7-2　非均质碲化物偏光图

矿物	晶系	DR_r	DA_r	旋转上偏光镜后的偏光图	正交偏光45°位时矿物偏光图	A_r 校正值 589 nm	白光
碲金矿	单斜	$v>r$,弱	无	灰色,色边弱,蓝)品红	黑色,无边色		2.5
斜方碲金矿	斜方	$v>r$,弱	$r>v$,中	黑色,色边弱,蓝)品红	灰色,色边中等蓝)黄		3.0
针碲金矿	单斜	$v>r$,弱	$r>v$,弱	灰色,色边弱,蓝)红	黑色,色边中等,蓝绿)粉红		4.3
六方碲银矿	六方	$v>r$,中	$r>v$,中	黑色,色边弱,蓝)黄白	黑色,色边中等,蓝)黄		2.4
碲银矿	单斜	$v>r$,弱	$v>r$,中	灰色,色边弱,蓝)品红至白	黑色,色边中等,红)蓝绿		0.4
三二碲金矿	三斜	无	$r>v$,强	灰色,无边色	黑色,色边弱,蓝)品红		1.4
叶碲矿	四方	$v>r$,中	$v>r$,弱	黑色,色边中等,蓝)红	黑色,色边弱,蓝)红	0.57 ± 0.1	0.2
碲镍矿	六方	无	$v>r$,强	扩散不清,视域亮	黑色,色边强,黄)蓝	0.89 ± 0.1	1.7
辉碲铋矿	六方	$v>r$,弱	无	灰色,色边弱蓝)品红	灰色,无边色至淡绿)白黑色	1.14 ± 0.1	0.4
碲铋矿	六方	$r>v$,中	$v>r$,中	灰色,无边色	黑色,色边中等,品红)蓝		0.9
碲铜矿	四方	强	强	灰色散强,火橙)蓝	红色,无色边	4.8 ± 0.2	
史碲银矿	六方			不清楚灰色,蓝)白	灰色,橙至品红)白		
自然碲	六方			扩散不清,无色边	灰黑色,无色边	2.28 ± 0.1	

注:)表示凹边)凸边,即凹凸两边的情况。

(二)非均质矿物的偏光图及 DR_r 和综合色散的观察

(1)将未知矿物置于载物台上,旋转物台一周出现四次黑十字,四次黑双曲线,两次在Ⅰ、Ⅲ象限、两次在Ⅱ、Ⅳ象限交替出现,此为非均质矿物偏光图。

(2)将矿物转至消光位,即见一黑十字偏光图,再旋转上偏光镜黑十字分离成黑双曲线,观察反射旋转色散 DR_r,即凹凸面的色边配置和色散强度。

(3)将上偏光镜转回严格正交位,此时偏光图为一黑十字,旋转物台45°(将矿物置45°位置,)出现黑双曲线偏光图,此时观察综合色散 $D(R_r + A_r)$,即观察凸凹面的色边配置和色散强度。

(4)矿物仍处于45°位置,此时旋转上偏光镜使黑双曲线恢复到黑十字偏光图,上偏光镜旋转的这个角度即为非均质视旋转角 A_r(此为观察值,还需校正)。若是一轴晶平行 C 轴或低级晶系平行光轴的切面，此值为矿物标准值才具鉴定意义。

（5）在正交偏光下，矿物仍处于45°位置，若黑双曲线在Ⅰ、Ⅲ象限，说明较大反射率是在 NE—SW 方向；推出勃氏镜观察矿物的结晶要素所处象限，以决定矿物的旋向。若结晶要素（如延长）在Ⅰ、Ⅲ象限，则旋向为正，记作 RS 延长（+）；若结晶要素（如延长）在Ⅱ、Ⅳ象限，则旋向为负，记作 RS 延长（-）。

表7-3　常见非均质矿物偏光图

矿物	晶系	上偏光镜自正交位置旋转后双曲线"消光带"特征及 DR_r	视旋转角 A_r			色散度	双曲线分离度（%）	正交偏光镜下，矿物45°位置时的图像及 DA_r
			蓝	白	红			
铜蓝	六方	黑，模糊，橙红色）蓝绿。r>v，中	17°±		31°±	14°±	红100，蓝90±	双曲线不清楚，蓝）） 橙红。r>v，极强
辉钼矿	六方	黑灰，模糊，橙灰）蓝灰 r>v，极弱?	13°	13°	12.5°		95±	双曲线不清楚，视域呈淡灰蓝色
辉锑矿	斜方	灰黑，边界模糊，暗棕红），蓝灰。r>v，中	6.0°-	5.0°+	4.5°±	1.5°	60+	双曲线灰黑，淡玫瑰））蓝。v>r，中等
红砷镍矿	六方	灰色，模糊，暗棕）蓝灰。r>v，弱	3.5°	3.0°	2.5°	1.0°	50±	双曲线灰色，浅玫瑰红））蓝绿。v>r，强
硼镁铁矿	斜方	黑，淡棕），深蓝。r>v，中	3.0°	4.5°	6.5°	3.5°	70-	双曲线黑灰色，深蓝））淡棕。r>v，极强
黑钨矿	单斜	黑，淡橙）淡蓝灰。r>v，弱	1.5°	2.0°	3.5°	1.0°-	20	双曲线黑色，不显色边。r>v，弱
磁黄铁矿	六方	灰，模糊，不显色边	2.0°	2.3°	2.5°	0.5°	20	双曲线黑灰色，浅灰蓝））灰橙。r>v，弱
毒砂	单斜	黑灰，模糊，蓝）淡棕红。v>r，弱	1.5°	1.0°	0.5°	1.0°-	20	双曲线灰黑色，淡玫瑰））蓝绿。v>r，中等
辉铋矿	斜方	褐灰，模糊，淡蓝）淡褐。v>r，弱	3.0°	3.5°	3.5°	0.5°-	30	双曲线灰黑色，天蓝））淡褐。r>v，弱
软锰矿	斜方	黑，模糊，灰蓝）淡橙。v>r，弱	3.0°	3.5°	4.0°	4.0°	20	双曲线黑灰色，淡褐））灰蓝。r>v，中等
黄铜矿	四方	黑灰，模糊，天蓝）淡褐。v>r，弱					<5	呈轻微变形的黑十字
黝锡矿	四方	黑，蓝）淡棕。v>r，弱	1.5°	1.0°	0.5°	1.0°	<20	双曲线灰色，淡棕））深蓝。v>r，中等
碲金矿	单斜	灰，蓝）玫瑰红。v>r，弱	3.0°	3.0°	3.0°	0°		双曲线黑色，无色边
针碲金矿	单斜	灰，蓝）玫瑰红。v>r，弱	4.0°	4.5°	5.0°	1.0°		双曲线黑色，蓝绿））玫瑰红。r>v，中等

续表 7-3

矿物	晶系	上偏光镜自正交位置旋转后双曲线"消光带"特征及DR_r	视旋转角 A_r 蓝	白	红	色散度	双曲线分离度（%）	正交偏光镜下,矿物45°位置时的图像及DA_r
斜方砷镍矿	斜方	黑灰,无色边	1.3°	1.3°	1.4°		<20	双曲线黑色,无色边
斜方砷铁矿	斜方	黑灰,无色边	2.2°		1.0°	1.2°		双曲线黑色,红))蓝。$v>r$,中等
斜方砷钴矿	斜方	深灰,淡蓝),粉红。$v>r$,弱	0.5°~1°	0.7°~2.8°	1.2°~3.1°	0.5°~2.1°	30~40	双曲线灰色,橙))蓝?。$r>v$,弱
三二碲金矿	三方	灰,无色边	1.5°	1.5°	2.0°	0.5°		双曲线灰色,蓝))玫瑰红。$r>v$,中等
白铁矿	斜方	灰黑,淡色边,蓝)红。$v>r$,弱	2.5°	1.0°	0.5°	2.0°	>20	双曲线灰黑色,蓝绿))绿褐色。$v>r$,强
钛铁矿	六方	黑,蓝)红。$v>r$;中	3.0°	2.5°	2.0°	1.0°	>20	双曲线灰黑色,紫粉))绿蓝。$v>r$,中等
赤铁矿	六方	黑,橙红)蓝。$r>v$,中	2.5°	2.0°	2.0°	0.5°	<20	双曲线不清楚,浅红))灰蓝。$v>r$?,弱

注：)表示凹边)凸边,))表示综合色散凹凸两边的情况,?表示不确定。

（6）根据反射旋转色散符号和综合色散凹凸面色边配置及色散强度推测非均质视旋转色散 DA_r 的符号。DA_r 符号的测定在第六章中已讲述,在一轴晶各晶粒中 DA_r 符号均一致,但在低级晶系中同一种矿物不同晶粒其符号可以不相同,如一些晶粒为 $v>r$,另一些为 $r>v$,以此来鉴别一轴晶和低级晶系。

五、研究偏光图的意义

偏光图的发展丰富了金属矿物的光学性质。

偏光图在鉴别矿物上有一定价值,特别是对有些高硬度、高反射率的矿物,如镍、铁、钴的硫砷化合物,其物理性质很相似,难以鉴别,但利用偏光图观察 DR_r、DE、DA_r 及综合色散,都各有其特点。据此就可将这些矿物区分开来,比如镍黄铁矿与硫铁镍矿可用反射旋转色散将二者区别,前者 $DR_r=0$,无色散,后者 $DR_r=r>v$。此外,像一些常见的碲化物,毒砂与斜方砷铁矿、自然金与黄铜矿、黄铁矿与镍黄铁矿等各有其不同的偏光图,凭借偏光图即可将各种矿物区分开。随着光学理论的研究和仪器的更新及精密度的提高,聚敛偏光下的光性还会有更新的突破。

第八章　矿物的内反射和粉末颜色

学习目标

　　本章主要论述了矿物反射色、矿物粉末颜色的基本概念,讨论了反射率与反射色和内反射的关系,讲述了内反射的观察方法。通过本章学习,学生应掌握反射色和粉末颜色的基本概念,理解矿物的反射率与反射色和内反射的关系,能够独立观察矿物的内反射现象并描述。

第一节　内反射和粉末颜色的基本概念

一、内反射和粉末颜色的定义

(一)内反射

光线投射到透明或半透明矿物表面后,有部分光线经折射透入矿物内部,碰到矿物内部的解理面、裂隙、晶粒界面、空洞、空隙和包体等被反射或散射出来显示透射光的颜色,这种现象称为内反射。内反射中所呈现的颜色,叫内反射色。

(二)粉末颜色

粉末颜色是指镜下观察透明和半透明矿物的细小粉末,当入射光照射到粉末上,并透入粉末内部,再自粉末界面反射出来显示透射光的颜色。由于粉末表面不是平面,因此不透明矿物看到反射光可能机会极少,反射光线极弱,所以粉末为黑色或带不同色调的黑色。内反射色和粉末颜色都是显示透射光的颜色,即为体色,对于同一种矿物,内反射色和粉末颜色是相同的。对一些具较高吸收系数的接近不透明的半透明矿物,虽有内反射,但往往很难看到,此时刻成粉末,有利于内反射的显现,这是因为微粒较大块矿物易透光。因此,观察粉末颜色一般比观察颗粒光面的内反射要可靠。

(三)内反射(色)和粉末颜色的特点

(1)内反射和粉末颜色为透明和半透明矿物所具有的性质,不透明矿物尤内反射和粉末颜色,它们只有金属光泽感(呈黑色或带有不同色调的黑色)。

(2)内反射具有鲜明、鲜艳的颜色,常见的有乳白色、翠绿色等。内反射色有透明感,与矿物颜色一致,如乳白大理石内反射色为乳白色;孔雀石内反射色为翠绿色;雄黄为橙黄色等。

(3)内反射色深浅不匀,似云雾状,有的部位较深,有的部位较淡。转动载物台无变化规律。

(4)透明度较差的半透明矿物,内反射常呈斑点状出现在裂隙和解理两侧。

(5)极透明的无色矿物的内反射常出现鲜艳的虹彩色。这是由于白光透入矿物内部

后,再从矿物内部折射出来时,白光产生色散而呈现出红、蓝、绿等多种颜色。

二、矿物的反射率与反射色和内反射色的关系

矿物反射色是由于矿物光片对垂直入射的白光选择反射的结果,它呈现的颜色是矿物的表色,内反射色则是透入矿物内部的那部分光线的颜色,即是透射光的颜色,它是矿物的体色,这二者之间,应互为补色。例如,辰砂的内反射色为鲜红色,而反射色则为灰色带蓝色调;雄黄的内反射色为橙黄色,而反射色为浅蓝色。但是,有些低反射率的透明矿物,它们的反射色的互补现象不明显,究其原因是由于反射率过低(反射光少),矿物的选择反射现象也相对不明显。而那些高反射率的不透明矿物,由于吸收性强而透射的光线近于零,故无内反射现象,只有较强的反射光(或反射色),所以无条件显示颜色的互补关系。

内反射现象出现于透明矿物和半透明矿物中,这些矿物的反射率一般都较低,而反射率高的不透明矿物则不能产生内反射。试验统计表明,内反射与反射率及反射的关系大致有以下几种情况:

(1)反射率 $R < 14\%$ 的矿物,绝大部分都是吸收率很低($K < 0.03$),绝大部分光波可自由透过,所以几乎都具有强烈的内反射,内反射色多为无色透明或乳白色(如石英)。但须注意,或因白光的分解作用或由于干涉作用而呈现的虹彩色不是内反射色。这类矿物的内反射色与矿物的颜色一致,而反射色均为深蓝色,常带微弱的色调。

(2)反射率 $R = 14\% \sim 40\%$ 的矿物(大多 K 值在 $0.03 \sim 0.73$),其中反射率在 $30\% \sim 40\%$ 仅有少数矿物有内反射,如深红银矿;反射率在 30% 以下者多数矿物具有内反射,有反射者,其内反射色与矿物的颜色一致,皆为体色,而与反射色互为补色。例如辰砂($R = 23\%$),反射色为灰蓝色,内反射色呈红色。

(3)反射率 $R > 40\%$ 的矿物(K 一般均大于 0.73),由于对入射光线较强烈地吸收,光波向矿物内透入时,一般只能透入数微米光强,减弱到观察不出的程度,因此均为不透明矿物,无内反射。矿物的反射色与矿物的颜色都表现为反射光的颜色,即表色,二者是一致的。例如,黄铁矿的反射色是浅黄色,它的颜色也是浅黄色。

三、内反射中平面偏光旋转的性能和周相变化

光波自空气射入透明和半透明矿物后,会在分解面上发生折射旋转、内反射旋转和全反射光的椭圆偏化,若为非均质矿物,还会发生由光程差而引起的椭圆偏化。在内反射中平面偏光的反射情况和周相变化大不同于透明矿物表面反射,主要表现于下列两个方面。

(一)内反射中平面偏光旋转的性能

以折射率 $n = 1.54$ 的玻璃为例,当入射角为 $0°$ 时,垂直入射面的反射分量 $r_\perp$ 与平行入射面的内反射分量 $r_\parallel$ 同为 4%,与表面反射相同。入射角渐增($< 41°$)时,$r_\perp$ 与 $r_\parallel$ 分开,使合成内反射的平面偏光振动面不同于原入射面而发生了偏向于垂直入射面方向的反射旋转。当入射角达 $41°$ 时,因 $41°$ 是玻璃与空气的临界角,此时产生反射,$r_\perp$ 与 $r_\parallel$ 反射率同达 100%。

(二)内反射中由于周相变化而造成椭圆偏光的性质

入射角在全反射区域内侧的周相变化都从 $0°$ 到 $180°$,二周相差既不为零,也不为 π,因而不能合成平面偏光,只能合成椭圆偏光。

若矿物为非均质的透明和半透明矿物,则两个互相垂直的折射振动间由于光传播速度的不同而有光程差,从而也能形成椭圆偏光。

　　无论是由折射旋转或内反射旋转所引起的入射偏光的旋转,还是由全反射时周相差形成的椭圆偏光或由非均质矿物光程差所形成的椭圆偏光,都是一部分光通过上偏光镜,从而在正交偏光下能观察到透明和半透明矿物的内反射。

■ 第二节　内反射的观察方法

　　对于透明和半透明的矿物来说,内反射是它们重要的鉴定特征之一。现将观察内反射的几种常用的方法介绍如下。

一、斜射法

　　斜射法观察时,将光源从侧面斜照到光面上,当斜射光线照到不透明矿物光面上时,光线没有进入显微镜系统,此时视域呈黑暗。如果是透明、半透明矿物,光线可透入矿物内部,遇到裂隙面、解理面或不透明矿物界面,一部分光线就会被反射出来射入目镜而被看到。这种方法适用于中、低倍物镜,因高倍物镜镜头与光片间距离太短,光线射不到矿物光面上。用此法观察内反射,照明光源需较强,角度也要选合适,才能获得最亮的视域和最清楚的内反射现象,见图8-1。

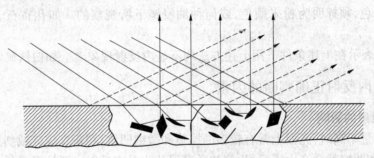

图8-1　斜照下内反射光的形成

二、正交偏光法

　　正交偏光下观察内反射,高、中、低倍物镜都可用,但以采用高倍物镜为宜,因为高倍物镜的光线因聚敛作用而变成各向斜射光投入矿物内部。入射平面偏光在倾斜的入射角中,内反射光波会发生反射旋转或椭圆偏光,从而使内反射偏光面的振动方向不同于入射的平面偏光振动方向而发生了一个旋转,故有一定的光量可通过上偏光镜从而能观察到内反射。

　　均质透明和半透明矿物的反射光在正交偏光下不能透过上偏光镜,因此对观察内反射没有影响,而非均质透明和半透明矿物由于在正交偏光下还呈现偏光色,二者往往互相干扰,为避免偏光色的干扰,观察内反射应将矿物转至消光位,以便消除偏光色。

三、正交偏光油浸法

　　对内反射不太显著的矿物,在用上述方法观察效果不明显时,可以用油浸镜头在正交光

下观察。由于矿物在浸油中反射率大大降低,这使得透入矿物内部的光量大为增加,从而有利于矿物内反射的显现,故此法具有更高的灵敏度。一些用上述方法观察不出内反射的矿物,使用正交偏光下的油浸观察法则可清楚地看出内反射现象。例如,辉锑矿、硫锑铅矿、车轮矿、脆硫锑铅矿等即是这类矿物。

对内反射最不显著的矿物,可用这种方法观察矿物粉末,如果观察结果仍无内反射,一般就认为该矿物无内反射现象了。

应用油浸法在正交偏光中观察内反射时,也一定要把非均质矿物转到消光位,消除偏光色影响后再观察。

四、利用以上方法观察矿物粉末的颜色

用钢针或金刚石刻划矿物光面使其产生粉末,利用上述各种方法进行观察,由于粉末粒度微小,有利于光线透射和透入光线的反射,故内反射现象很显著,观察矿物粉末比观察矿物光面灵敏度要高。

五、内反射的视测分级

矿物内反射的视测分级一般都以内反射表现的强度和颜色为标准,实验室将内反射分为"有""无"两大类,"有"包括微弱、可见、显著三级;"无"指用油浸法也不显示内反射的矿物。

(1)"有"表示在空气介质下,用斜照法或正交偏光法显内反射现象者,如用粉末或油浸法才显内反射色,须标明为粉末颜色,或何种油浸镜下所观察的。如孔雀石、雄黄、红锑矿等。

(2)"无"表示在上述条件下用上述方法均不显内反射现象者。如白铁矿、黄铜矿等。

六、影响内反射正确判断的因素

(一)漫反射的影响

当光片质量不高时,光面上常有较多的擦痕和微细凹坑,在正交偏光或斜照光下旋转物台,这些擦痕和凹坑就会产生漫反射,使初学者误认为是内反射。要注意漫反射产生的颜色常具金属闪光特征。

(二)偏光色叠加的影响

在正交偏光下观察非均质半透明矿物时偏光色往往会干扰内反射显现,此时应将矿物转至消光位再观察内反射。当内反射非常强烈时,会将非均质和偏光色掩盖。

(三)残留抛光粉的影响

矿物在抛光时,光片裂隙或空洞中往往充填有磨料(红色的 Fe_2O_3、绿色的 Cr_2O_3),这些带色粉末由于未被洗干净,用斜照光或正交偏光法观察时,它们也会形成内反射,并具较鲜明的颜色,切勿将它们误认为是内反射色。

常见有内反射色的矿物见表8-1。

常见无内反射色的矿物有黄铁矿、黄铜矿、磁黄铁矿、辉铋矿、辉锑矿、辉钼矿、斑铜矿、铜蓝、硬锰矿、软锰矿、毒砂、方铅矿、石墨。

表8-1 常见有内反射的矿物

白、黄、棕色	红色	绿色	蓝色
铅华（白）	赤铁矿（血红）	孔雀石（翠绿）	蓝铜矿
重晶矿（白）	赤铜矿（血红）		
石英（白）	水锰矿（血红）		
方解石（白、棕）	辰砂（朱红）		
白铅矿（白、褐）	淡红银矿（朱红—血红）		
雄黄（淡黄）	深红银矿（暗朱红）		
硫镉矿（黄）	钨锰铁矿（深棕色—红棕）		
闪锌矿（黄、浅棕）	纤铁矿（棕红）		
纤维锌矿（黄、浅棕）			
锡石（白—黄—棕）			
金红石（淡黄—暗棕）			
菱铁矿（淡褐）			
钛铁矿（暗棕）			
褐锰矿（暗棕）			
针铁矿（红棕）			
沥青铀矿（黄棕—深暗棕）			

第九章　矿物的显微硬度

学习目标

本章主要论述了矿物显微硬度的基本概念,主要阐述了显微抗划硬度、抗磨硬度、抗压硬度三种不同硬度的测量方法。通过本章学习,应掌握矿物显微硬度的基本概念和类型,并能够测定矿物的不同显微硬度。

第一节　概　述

矿物抵抗某种外来的机械作用,特别是抵抗压入、刻划及研磨的能力称为矿物的硬度。硬度是矿物的重要特征之一,是鉴定矿物的主要性质之一。

矿物的硬度取决于矿物的强度,即取决于它对机械侵入作用(机械破坏)的阻力。矿物的硬度是表现晶格能等的一个重要常数,晶格能是由价数、离子半径的大小、配位数和键性所决定的。因而,研究矿物硬度不仅具有鉴定矿物的重大实际意义,同时对研究矿物的晶体化学问题和地球化学问题,以及帮助阐明矿物物理性质与化学成分之间的关系等也有一定的意义。矿物晶体中,化学元素呈原子或离子在空间作有规律的排列,原子或离子间的结合力称为键力,键力愈强,抵抗压入或撕裂的阻力就愈大,因此具有较高的硬度。而原子或离子结合的键力又取决于原子或离子半径、电价及化学键的类型等。一般情况下,就化学键的类型而论,以共价键结合的矿物硬度较高;离子键矿物硬度中等;金属键的硬度较低;分子键的硬度最低。当键型相同时,矿物硬度因离子半径的大小及电价的高低而异,半径大者结合力小,硬度较低;反之结合力大,则硬度较高。就电价而言,电价高者结合力大,硬度变高;反之硬度则低。当配位数增高时,原子或离子的堆积密度愈大者,矿物的硬度也愈高;配位数降低,原子或离子的堆积密度愈大者,矿物的硬度也愈高;配位数降低,原子或离子的堆积密度愈小者,则硬度愈低。

第二节　显微抗划硬度

在矿相显微镜下用金属针刻划矿物光面、解理面或晶面,视矿物能否被金属针刻划动来确定矿物的硬度,此种方法称为显微抗划硬度。通常采用的金属针有铜针和钢针两种,铜针用铜丝磨制而成,其硬度相当于摩氏硬度的 3 级;钢针用缝衣针,其硬度相当于摩氏硬度 5.5 级。根据金属针刻划情况,一般将矿物的抗划硬度分为 3 级:

低硬度矿物:能被铜针划动,其硬度低于铜针,即 $H < 3$(H 为矿物硬度)。

中等硬度矿物:铜针划不动,但钢针可以划动,其硬度介于钢针和铜针之间,即 $5.5 > H > 3$。

高硬度矿物:钢针划不动,其硬度高于钢针,即 $H > 5.5$。

这种分级虽粗糙原始,但由于工具简单、使用简便,基本上可以满足简易鉴定工作的要求,因此被广泛采用。

刻划硬度的测定工作须在低、中倍物镜下进行。测定时用食指、小拇指和无名指将矿物支撑在显微镜载物台上,使针与光片成30°～40°角(见图9-1)将指针放在光片上的亮点内,并在视域中看到针尖,然后用恰当的力将指针从左向右刻划。

需注意的是,刻划硬度不适于用小颗粒和包裹体矿物的硬度测定,因在高倍物镜下工作距离太小,无法用针划矿物。此外,还应注意金属针尖一定要保持尖锐,需经常在砂纸上磨,还需保持光片面的清洁,以免光片上的污垢、尘土等被针划伤线条而误认为是划痕。

第三节 抗磨硬度(相对突起比较法)

矿物光片在磨光时,由于软硬矿物的抗磨能力不同,软矿物易磨损,硬矿物不易磨损,因此软硬矿物连生在一起的光片,虽然同样得到磨光,但在显微镜下,二者的突起程度是不一致的。硬矿物较软矿物明显突起,因而在二矿物的交界线上常形成过渡的斜面,这个小斜面使垂直的入射光斜着向上反射。

如图9-2所示,中间为硬矿物呈凸形突起,两旁为软矿物呈凹形下陷,在软硬矿物之间形成一个过渡的斜面。垂直照射的光线在平面部分仍为垂直向上反射,在斜面上的光线按入射角等于反射角的原理偏向软矿物一侧反射,这部分斜反射的光线与垂直反射的光线必会在一定位置交汇在一起,由于光线叠加而显得较

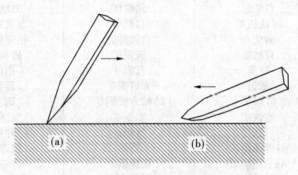

图9-1 刻划硬度方法示意图

亮,在两矿物交界的外围偏向于较软矿物的一边便形成一条明亮带,偏向于较硬矿物的一边则显得黑暗,这是因为没有光线或很少光线向上反射的缘故。当提升镜筒时,显微镜焦点由 B 提到 A 的位置,亮带便向较软矿物方面移动,即向硬度较低的矿物方面移动;当下降镜筒时,亮带向较硬矿物方面移动。

利用亮线确定连生矿物的相对硬度,在鉴定上有一定价值:

(1)若两个连生矿物之间平滑过渡,没有亮线出现,证明两矿物的硬度相似。若甲矿物为已知硬度,则乙矿物的硬度便可知。

(2)在大量的光片观察中,可以把已知矿物的硬度相对次序确定下来,若有一未知矿物,当其相对摩擦硬度在甲乙之间,此未知矿物经鉴定后认为是某矿物时,倘若其硬度相符,这样便多了一个证据。在观察矿物时,亮线最便于观察,适用于高、低、中倍镜,尤其是对细颗粒的矿物鉴定特别有利,还可以不损坏光片。

若两相邻矿物的硬度相差太悬殊,上面所述的方法无法应用,因为接触带上的小斜面坡度太陡,使斜反射光近乎于水平地斜射出去。此时,只能产生广泛的黑暗区域,相当于暗带,而不能出现亮带。这种情况下,须采用斜照明的方法才便于确定矿物的相对突起。

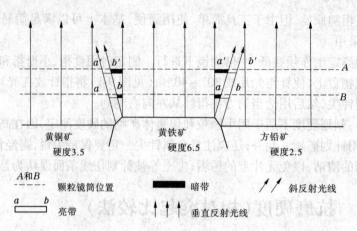

图9-2　垂直照射下光线在不同突起矿物光面的反射示意图

矿物的抗磨硬度相对次序见表9-1。

表9-1　抗磨硬度相对顺序

辉银矿	辰砂	方硫镍铁矿	镁钛矿
自然铋	锑银矿	方硫钴矿	锐钛矿
绿硫钒矿	自然砷	方硫钴镍矿	铁板钛矿
硒化物	自然砷铋	钴镍黄铁矿	金江石
自然硫	斑铜矿	磁黄铁矿	钙钛矿族
雄黄	黄铜矿	钼铅矿	黑铝镁铁矿
雌黄	方黄铜矿	硫钴矿	白钨矿
红锑矿	等轴方黄铜矿	辉镍矿	黑钨矿族
蓝铁矿	黑铜矿	红锑镍矿	烧绿石族
毛矿	辉钼矿	砷镍矿	毒砂
斜辉锑铅矿	石墨	红砷镍矿	辉砷钴矿
Ag - 硫类岩	银黝铜矿	方钴矿族	沥青铀矿
辉铋锑矿	汞黝铜矿	斜方砷镍矿	晶质铀矿
硫铜银矿	黝铜矿	副斜方砷镍矿	方钴矿
Pb - Sb - 硫盐类	砷黝铜矿	斜方砷钴矿	黑柱石
铜蓝	硫锑铜矿	辉砷镍矿	赤铁矿
铁铜蓝	硫砷铜矿	锑硫镍矿	锰坦矿
辉铜矿	砷铜矿	针铁矿	锡钽铁矿
蓝辉铜矿	微晶砷铜矿	水钴矿	钽铁矿
方铅矿	淡红砷铜矿	红锌矿	重钽铁矿
Bi - 硫盐类	自然铜	方硫锰矿	白铁矿
辉铋矿	铜铁矿	硼镁铁矿	黄铁矿
Sn - 硫盐类	黑铜矿	硼铁矿	锡石
车轮矿	赤铜矿	磁铁矿	尖晶石族
Pb - As 硫盐类	针镍矿	钛磁铁矿	
自然金	硫锰矿	磁赤铁矿	
银金矿	硫铬矿	钛铁晶石	
黑铋金矿	闪锌矿	镁铁矿	
自然银	纤锌矿	镍磁铁矿	
自然锑	自然铁	钒磁铁矿	
硒汞矿	镍黄铁矿	铬铁矿	
黑辰砂	紫硫镍铁矿	钛铁矿	

注：自上至下，自左至右，由软至硬。

第四节 抗压硬度

以一定形状的金刚石压头,用一定的压力压入矿物光面内,根据所加压力(负荷)与压痕表面积之间的比值来测矿物的抗压硬度,表示矿物抗压硬度的数值称为显微硬度值。

一、显微硬度仪压头的种类

显微硬度仪一般有两种压头(见图9-3)。

(一)维克(Vicker)压头(或称维氏压头)

维克压头由金刚石或硬质合金磨成,它是一个四方锥体的印尖,两相对面的夹角为136°,压痕呈正方形。若以 P 表示印尖所负重,d 表示压痕表面对角线长度,则维克硬度数按下式计算

$$H_v = P / \left(\frac{1}{2}d^2\right)\sin\frac{1}{2}(136°) = 1.854\ 4\frac{P}{d^2}$$

式中,H_v 的单位为 kg/mm^2。

(二)诺普(Knoop)压头(或称克氏压头)

诺普压头由金刚石或硬质合金铜磨成。呈一长方形四面锥,两相对长边间的角度为172°30′,两相对短边的夹角为130°,压痕呈长方形,长对角线为短对角线的7倍,计算公式为

$$H_v = P / \left[\frac{1}{2}\cos\frac{1}{2}(172°30′)\tan\frac{1}{2}(130°)d^2\right] = 14.228\ 8\frac{P}{d^2}$$

式中 H_k 的单位为 kg/mm^2。

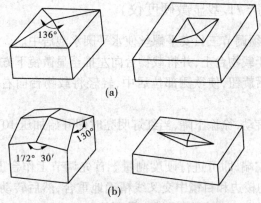

图9-3 维克压头与诺普压头及其压痕形

两种压头相比较,诺普压头的压痕较浅,因此对于测定硬度异向性和异厚度较小的矿物有利;维克压头的压痕为正方形,用它测定晶体不同方向的硬度易获得平均值,数据也较稳定。

二、显微硬度仪的构造

显微硬度仪按安装方式可分为两类：一类是压头与物镜分离式，如苏氏∏MT－3型及我国上海生产的71型显微硬度仪；另一类是压头与物镜一体，如德国生产的附在Orthoplan型及Orthalux Ⅱ pol－BK型矿相显微镜上的自动显微硬度仪。

(一)国产71型显微硬度仪

仪器由反光显微镜、载物台、加荷装置和金刚石维克压头组成，仪器大部分零件都封闭在壳体内，仪器由三只可调的安平螺丝支持。测微反光显微镜安置在左半部，由物镜、测微目镜、折射棱镜和照明等部分组成。在测微目镜内装有两块分划板，一块带有十字线的可以动的分划板，一块刻有0、1…、8字样的固定板，旋转测微手轮，十字线就可以在视线内左右移动，对压痕进行瞄准。载物台不仅可以上下升降，而且可以左右移动，分上、中、下三个平台，上平台纵横向移动以便在视域内迅速寻找光片内的欲测颗粒，上、中二平台可在下面的长平台中滑移，推动中平台使试样从显微镜视域中心准确地移到金刚石压头下进行加荷。

加荷装置安置在右半部，拨动手轮可以变换使用10 g、25 g、50 g、100 g、200 g五种负荷，金刚石正方形压头固定在保护套内。

(二)德国自动显微硬度仪

自动显微硬度仪主要部件为自动负荷选择器、压锥、压头、微尺目镜和砝码等。

自动显微仪硬度仪装在Orthalux Ⅱ pol－BK型显微镜上，该硬度仪有自动负荷选择器，当选定所需负荷及加压时间后，调节其上各种旋钮，可自动控制加压速度和时间，并由指示灯给出信号。压头有维克和诺普两种，可自由选择，压头可与镜头相连，便于观察和测试。通过转动微尺目镜的旋钮来测量压痕对角线长度(d)。砝码有5 g、10 g、25 g、50 g、100 g、200 g、400 g等7种，使用前须经标定天平校正，各种砝码不能组合使用。

三、测量方法(国产71型显微硬度仪)

(1)首先调平仪器，须调节三只安平螺丝使水平圆水泡居中。

(2)将欲测矿物置于载物台上，并将载物台向左推至显微镜下方，使光片准焦。

(3)调节左右和前后旋钮，使欲测部位居中，轻轻将载物台向右推，使欲测部位恰好位于压锥下方。

(4)旋动压锥升降旋动，徐徐下降，当红灯明亮时即开始加压10～15 s，当绿灯明亮时，停止加压。

(5)将载物台推至左端，即可进行硬度测量。首先调节工作台上的纵横向微分筒和测微目镜的鼓轮，使压痕的棱边和目镜中交叉线精确地重合，然后转动鼓轮，使交叉线对准压痕的另一边棱边，分别读出二次读数(视域内见到的0、1、2、…、8是毫米数，鼓轮上刻有等分的划线，每格为0.01 mm)，两读数之差为测微目镜中测得的压痕对角线长度。可采用$d = N/V$求取，式中d为压痕对角线的实际长度，N为测微目镜上测得的对角线长度，V为物镜放大倍数，本仪器为40倍数，如$N = 2.545$，$V = 40$，$d = N/V = 2.545/40 = 0.0636(mm)$。

若在视域中看到的压痕不是正方形，则可松开测微目镜螺钉，转90°，读出对角线长度，再重复上述方法测得另一对角线长度，取两对角线的平均值即为等效正方形对角线长。

测量时应注意：

（1）欲测矿物颗粒的直径和厚度应超过压痕直径数倍，至少2~3倍以上。

（2）显微硬度一般应测15~30个压痕（一定负荷下）求得硬度的变化范围，还应注意两个压痕间距不宜太小。

（3）金刚石钻头下降的速度和在光片面上停留的时间长短对压痕大小都有影响。同一负荷下降速度快，压痕就大，则显微镜度值偏低；相反，下降速度慢，压痕小，硬度值偏高，因此要保持压头均速下降。此外，压头在光面上停留的时间过长也会使压痕变大，因此应控制在30 s内。

（4）矿物的硬度值常随负荷不同而变化，由图9-4可看出硬度值随负荷减小而变大，只有个别随负荷减小而变小，这种现象的可能主要是弹性复原引起的，当压头拾起后由于弹性复原使压痕面积、深度和对角线长度相应缩小造成压痕对角线长度测量的不准确。同一矿物负荷小，压痕就小，由弹性造成的误差就愈大，使硬度值偏高；反之，负荷大，压痕大，由弹性复原造成的误差就愈小，使硬度值偏低。另外，抛光面上产生的非晶质薄膜，由于抛光的冷作硬化作用，具有比原矿物较高的硬度，也会产生上述变化。

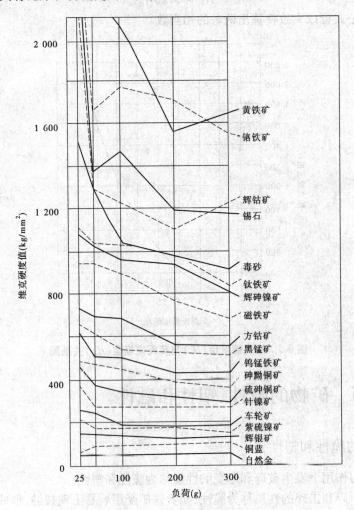

图9-4　几种常见矿物的维克硬度值与负荷的关系

（5）震动影响。显微硬度仪的灵敏度很高，微小的震动甚至变压器的震动都会影响压痕大小的变化，所以安装仪器必须严格防震，仪器应置于防震桌或水泥台上，并在仪器座下以橡皮垫或海绵垫，以防震动误差。

四、莫氏硬度与压入硬度的关系

压入硬度值主要表示矿物抵抗塑性变形的能力，至于弹性、脆弱等则居于次要地位，刻划硬度亦表示抵抗塑性变形的能力，但抵抗破裂、剥离及刻划等因素的影响比对压入法的重要，因此两者仅在一定程度上可以类比。

所以，莫氏硬度与压入硬度数值并非完全成线性关系变化，只是同消长关系。普多芙金娜综合了各家数值，取其平均数，作出了维克硬度值与莫氏硬度数的关系图，见图9-5。

维克硬度（H_v）与莫氏硬度（H_m）之间的线性关系为

$$H_m = 0.678\sqrt{H_v}$$

$$H_v = 3.25H_m^3$$

根据上述公式可以大致换算出两者的相当数。

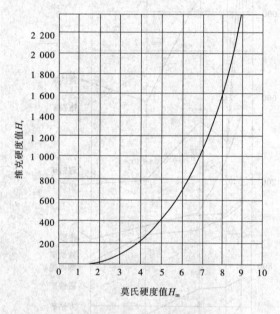

图9-5　维克硬度值（H_v）与莫氏硬度值（H_m）关系图

第五节　矿物的脆性、塑性和磁性

一、矿物的脆性和塑性

矿物在压力作用下发生破碎和形变的性能称为脆性和塑性。

矿物易被压碎和击碎的性质称为脆性，如黄铁矿受压后易出现裂缝，形成压碎结构。塑性矿物受压后不易产生裂痕而是发生形变，如方铅矿受压后易形成柔皱结构。若用金属针刻划矿物，脆弱矿物的刻痕因矿物破碎而形成粉末，而塑性矿物的刻痕往往只产生刻槽。

对矿物脆性的度量常用维氏显微硬度法,用矿物刚开始产生裂隙时的负荷大小来表示,这种表示法将矿物的脆性和塑性分为五级(见表9-2)。

在刻划矿物时我们会注意到,Ⅰ类矿产的特点是刻痕发生破碎,形成粉末,0.5 g的负荷就可使Ⅰ类矿物产生碎裂结构。Ⅱ类矿物则是20 g的负荷才发生破碎。Ⅲ类矿物需50 g以上的负荷,才能使刻痕发生破碎,因此这一类矿物属弱可塑矿物。Ⅳ类和Ⅴ类矿物分别属可塑性矿物和极可塑性矿物,其刻痕是形成刻槽面而不是破碎的粉末,尤其是第Ⅴ类极可塑性矿物,受到200 g以上的负荷时也只是产生柔皱结构。

表9-2　常见矿物的脆性、塑性和分级(产生裂隙的最小负荷)

等级及最小负荷	Ⅰ.极脆性矿物,0.5 g	Ⅱ.脆性矿物,20 g	Ⅲ.弱脆性矿物,50 g	Ⅳ.可塑性矿物,100 g	Ⅴ.极可塑性矿物,200 g
矿物名称	黄铁矿 石膏 辰砂 辉铁镍矿 硫砷铜矿 圆柱锡矿 脆硫锑银矿	镍黄铁矿 黝铜矿 铌铁矿 砷钴矿 钛铁矿 斜方砷镍矿 黝锡矿 脆硫锑铅矿 胶状白铁矿 辉砷钴矿 砷黝铜矿	石英 磁黄铁矿 黄铜矿 闪锌矿 钛铁矿 毒砂 锡石 辉锑矿 白钨矿 重晶石 铬铁矿 赤铁矿 斜方砷钴矿 方解石	磁铁矿 自然铋 赤铁矿 红砷镍矿 自然铜 红锌矿 斜方砷铁矿 方黄铜矿 孔雀石 黑钨矿 雄黄 雌黄 辉钼矿 硫镉矿	自然铜 方铅矿 辉银矿 自然银 自然锑 自然金 赤铜矿 斑铜矿 自然铂

二、矿物的磁性

矿物被磁场感应的性质称为磁性。矿物的磁性按其密度可分为:

(1)被马蹄磁铁吸引的矿物称为强磁性矿物。具强磁性的金属矿物很少,仅有几种——磁铁矿、自然铁、磁黄铁矿、方黄铜矿、黑镁铁锰矿及一部分含铁的自然铂。

(2)能被电磁铁吸引的点磁性矿物。这类矿物数量多。

(3)无磁性矿物。此类是既不能被马蹄磁铁吸引,又不能被电磁铁吸引的矿物。要知道,在显微镜下测试矿物的磁性,由于条件所限,只能是具强磁性的矿物才能被测出来,因而在金属鉴定工作中磁性仅是一种辅助方法,不能普遍应用。它是在对矿物的其他光性和物性都已测定完毕后,初步确定可能是哪几种矿物,而这几种矿物中又有哪些具有磁性,这样才可以进行确定。

三、矿物磁性的测定方法

(1)如果欲测矿物在光片中所占面积较大,则可先将光片在肉眼下用马蹄磁铁试其有无磁性,若光片中有较多的强磁性矿物,与磁铁接近或接触时,就会显示被磁铁吸引的现象。

（2）如果光片中的欲测矿物颗粒很小，光片置于显微镜下，用钢针或金刚石笔刻划欲测矿物使其产生粉末，然后在马蹄磁铁上摩擦使钢针磁化，再将磁化后的钢针小心地引入显微镜下，若矿物具有磁性，在镜下就能看到矿物粉末被吸引到针尖上。要注意这种测试方式不能在高倍物镜下应用，因而欲测矿物的颗粒不能太小。还要注意测试时钢针必须要干燥，不能带潮，因潮湿会把不具磁性的矿物粉末沾到针尖上，被误认为矿物具磁性。

（3）当矿物颗粒很小时，可用下述方式测试：将普通缝衣针的针眼折下，用马蹄磁铁将它磁化（一昼夜）成一细小的马蹄磁铁，然后将它系在长约 10 cm 的有弹性的马鬃上，马鬃的另一端固定在一木桩上使马鬃呈水平状，木桩的另一端固定在一直立的座上，安装完后将针眼移入显微镜视域内离物镜下 1 ~ 2 mm，移动光片，若强磁性矿物位于针眼之下，便可看到针眼被矿物吸引向下而附着在矿物面上。

第十章 矿物的浸蚀反应和显微镜结晶化学分析

学习目标

　　本章从化学角度出发,引入浸蚀反应的基本概念,讨论了浸蚀反应的机制和相关现象,讨论了显微结晶化学分析法在矿物化学成分鉴定中的应用。通过本章学习,学生应能够掌握浸蚀反应的基本概念,理解其反应机制,掌握常见的浸蚀反应和显微结晶化学常用试剂及其鉴定矿物的特征,能够独立进行操作。

第一节 矿物的浸蚀反应

一、浸蚀反应的概念及意义

　　浸蚀反应是指一定浓度的液体化学试剂与矿石磨光片接触后有无发泡、溶解、变色、沉淀等现象。它包括浸蚀鉴定和结构浸蚀,浸蚀鉴定用于鉴别矿物,而结构浸蚀用于观察矿物的结构和矿物晶体的内部结构。在 20 世纪 40 年代以前,这种鉴定不透明金属矿物的方法受到各国矿相学家的重视并广泛应用于金属矿物鉴定中,但从 20 世纪 40 年代以来,由于物理方法测试技术在矿相学中的应用,其鉴定矿物的主导地位逐渐被光学性质所替代。虽然如此,浸蚀鉴定仍然是鉴定矿物重要的辅助方法,例如辉锑矿和辉铋矿在其物理性质、光学性质上都很相似,虽然它们的反射率、反射色有些差异,但颗粒细小时在显微镜下不易将两者区别开,这时只要加一滴 40% 浓度的 KOH 溶液,在辉锑矿的表面上即会生成橙黄色沉淀,而辉铋矿则不起反应,因此很快就能区分出二者;又如红砷镍矿和红锑镍矿在物理性质上也很相似,若用 20% 浓度的 $FeCl_3$ 溶液浸蚀这两种矿物,前者不起反应,后者发生反应变为晕色。在现代矿物学中,不仅要鉴定出矿物种,而且要求鉴定出矿物"变种"以至类质同象矿物系列的中间性产物,浸蚀鉴定有时能够提供这种"变种""中间过渡相"的化学试剂浸蚀反应特征。如一般的纯种黝铜矿,1:1 HNO_3 浸蚀反应为晕色正反应,20% KCN 为染浅褐正反应或负反应,其余试剂为负反应。

二、浸蚀反应的机制及产生的现象

　　矿物光片经磨光之后,在光面上产生一层非晶质薄膜,其厚度约为千分之几毫米,即几埃(Å),这层薄膜掩盖在矿物光面上,充填了矿物在解理、裂隙及晶粒的边界空隙,致使矿物的集合体连成完整的一片,看不出晶粒的界限和晶粒内部的结构。浸蚀反应所用试剂大部分为强酸、强碱和强氧化剂,具有强烈的腐蚀能力及化学反应能力。当试剂与矿物光面接触时,首先与试剂起作用的是矿物表面的非晶质薄膜,进一步才是矿物的真实表面,当试剂溶解非晶质薄膜时,矿物表面的性质和颜色往往变化不大,只显示原来被非晶质薄膜掩盖的解理、裂隙、双晶、晶粒内部环带结构及晶粒界线和光片在细磨时留下的擦痕,这种现象称为"显结构"。当试剂的浸蚀溶解作用更强烈时,矿物本身也被浸蚀,使表面变得粗糙不平,入射光反射成散光色,光面变成黑灰色或黑色,这种现象称为"染黑"。当试剂在溶解矿物的同时由化学反应的结果产生了沉淀物,反应特别强烈时可形成显著的"被膜"覆盖在矿物表面(如前所举例子),一般情况下这种"被膜"并不厚,只是黏附在被浸蚀部分的矿物光面上的带色"薄膜",这种现象统称为"污染"或"染色"。例如方铅矿遇 1:1 HNO_3 会"染黑";斑铜矿遇 $FeCl_3$ 后,生成棕色薄膜,致使矿物表面好像染上了棕色一样,当生成的沉淀物很薄,为一层无色透明的细小晶体薄膜,光线进入晶体内部,再从内部反射出来时产生色散,形成种种干涉色,这种颜色与彩虹相似,在同一晶粒上同时呈现黄、红、蓝、棕等多种颜色,这即为"晕色"。在浸蚀反应的过程中,由于产生化学反应面有气体逸出,即产生"发泡现象",就像方解石、大理石等碳酸盐岩遇盐酸会产生 CO_2 一样。硝酸浸蚀辉铜矿矿放出无色但腐臭味很浓的 H_2S 气体;硝酸浸蚀赤铜矿会放出 O_2 气;黑锰矿、硬锰矿与双氧水反应后产生 O_2 等。发泡时间长短、快慢将随着矿物与试剂的种类和浓度的不同而异,能引起矿物发泡的试剂为硝酸、盐酸、双氧水等,所产生的气泡常为 CO_2、H_2S、O_2 等气体。反应速度猛烈的起泡称为猛泡,辉铜矿、硫锰矿等和硝酸的反应常为猛泡;反应缓慢者为慢泡,针镍矿和硝酸的反应即如此。试剂滴在矿物光面上,液滴的四周产生色变,这种色变为"熏污",此乃试剂蒸发与非晶体反应的结果。如果经水冲洗不能保留的则为"汗圈",它是试剂蒸发、扩散和冷凝作用所引起的小水滴,是负反应(不是试剂与矿物反应的结果)。

　　总之,矿物被某种试剂所浸蚀,会发生溶解、沉淀、发气、熏污等作用并产生显结构、染黑、染色、晕色、发泡、晕圈等现象。浸蚀反应可作为一些矿物的鉴定特征之一。

三、浸蚀鉴定用的试剂和工具

(一)试剂

　　浸蚀反应常用以下六种标准试剂,它们大部分是强酸、强碱和强氧化剂,具有强烈的腐蚀能力和化学反应能力。

　　常用试剂有:①硝酸(1:1 HNO_3);②盐酸(1:1 HCl);③氧化钾(20% KCN);④氯化铁(20% $FeCl_3$);⑤氢氧化钾(40% KOH);⑥氯化汞5%($HgCl_2$;$1gHgCl_2 + 19 gH_2O$)。此外,还常用双氧水(3% H_2O_2)和王水(3 份 HCl + 1 份 HNO_3,HCl 和 HNO_3 都是浓的)。若做系统浸蚀鉴定,则需将六种试剂——实验矿物,且要以反应程度由弱至强的顺序进行,即 $HgCl_2$、$FeCl_3$、KCN、KOH、KCl、HNO_3。

(二)工具

　　(1)小滴瓶:此为磨口密闭小瓶,分别用以装不同浓度的化学试剂,瓶上标有标签(见图10-1)。

　　(2)烧杯:装蒸馏水用。

　　(3)白金丝玻璃棒(一支):白金丝直径为 3 mm,长度 25～30 mm,它的一端固定在玻璃棒中,另一端弯成内径为 4 mm 的圆环,并使小圆环平面略与白金丝成30°角度倾斜(见图10-1)。白金丝每次用后必须用蒸馏水洗净,以免下次污染试剂。

　　(4)吸水滤纸若干张。

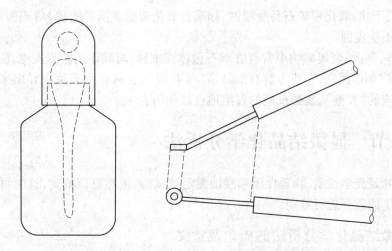

图 10-1　浸蚀鉴定所用的小滴瓶及白金丝圈

(5)玻璃滴管:用以吸取蒸馏水。

浸蚀反应所用的化学试剂和工具均应存放在专用木盒内。

四、操作步骤

(1)将光片擦净,除去尘埃、油污及矿物表面的氧化薄膜,使光片有一新鲜面。

(2)置光片于载物台上,选择合适的物镜准焦后,将欲测试矿物放在视域中心。

(3)用小滴瓶中的滴棒将一滴试剂滴在清洗过的白金丝圆环上,在肉眼下小心地将沾有试剂的白金丝圆环放到光片视野范围内,立即观察有无起泡、沉淀等现象的发生,若起泡或沉淀作用剧烈,应马上用蒸馏水将试剂洗去,以免光片损坏厉害。

(4)浸蚀 1 min 后,用吸水滤纸将试液吸干,然后用玻璃滴棒在烧杯内吸取一滴蒸馏水,将它滴到受浸蚀的光面,用于洗涤剩留的试剂,再用吸纸吸干,在显微镜下观察矿物表面有无变化,并做记录。

五、浸蚀反应的影响因素

(1)光面洁净:当光片上有油污或氧化膜、手膜指纹等时都会妨碍试剂与矿物的正常反应,因此试验前需擦拭干净。

(2)控制时间:试剂作用时间需控制在 1 min 内,否则有些矿物经长时间的试剂作用仍可起反应。

(3)试剂性质:KCN、$FeCl_3$、$HgCl_2$、KOH 等试剂易蒸发留下沉淀物,在显微镜下显示种种彩色被认为是正反应,但用蒸馏水冲洗后这些沉淀物薄膜即行消失,有时用滤纸未完全吸干试剂时,其残余试液在光片上呈不规则彩晕,也易误认是晕色。

(4)电化学作用:试剂若滴在两种以上矿物交界处,由于电位差的作用使反应随毗邻矿物的不同而增强或减弱。

(5)化学成分:矿物中含有类质同象混入物的种类和含量不同也会影响到同一种矿物浸蚀鉴定的结果,就像黝铜矿对硝酸和氰化钾的反应会因类质同象的不同而产生不同的反应。

（6）矿石产状：氧化带矿石易受浸蚀，如采自氧化带的黄铜矿能被1∶1硝酸浸蚀，而原生带的黄铜矿不受浸蚀。

（7）包体、杂质：金属矿物中常有方解石包体或细脉，与酸作用剧烈发泡，应注意与浸蚀反应的"发泡"加以区别，一般方解石细脉呈"带状泡"，且从矿物裂隙中冒出来的小气泡也不是浸蚀反应的"发泡"，浸蚀反应的冒泡地点较均匀。

第二节　显微结晶化学分析法

金属矿物经光学性质、物理性质和浸蚀鉴定测试后，依然难以确定，这时可以利用元素在化学成分上的差异进行鉴别。

一、显微结晶化学分析法的概念及意义

显微结晶化学分析法简称微化分析，它是刻取光片中欲测试矿物粉末，用适当的试剂将矿物粉末溶解制成样品溶液，在样品溶液内加入适当的试剂，使溶液中存在的某一种化学元素与这种试剂起反应，生成某种特定形状、大小和颜色的结晶体，我们根据这些结晶体来确定该溶液中存在某种化学元素。也有少数元素在加入适当试剂后，生成的是带色的无定型沉淀或溶液，这种带色的特殊溶液也可以作为鉴定溶液中含有某种化学元素的依据。

利用显微镜观察元素与化学试剂的反应产物，不仅可以观察反应产物的颜色，而且还可以看出结晶体的准确形状并据此定出晶体的光性特征和光学元素。此种方法用样品及药品量都很少，可简便快速鉴定出元素的优点，对学校矿相课教学，快速鉴定元素帮助矿物定名是十分必要的。

二、微化分析使用的工具和常用试剂

（一）工具

载玻片（制岩石薄片用的载玻璃片）。

钢针、唱机针或金刚石笔：用以刻取矿物粉末。

酒精灯或电炉：用以溶解矿物粉末。

滴管或毛细管：取液体试剂用。

牙签：用来沾取矿物粉末及固体试剂。

烧杯：盛水用。

小滴瓶：装试液用。

偏光显微镜：用于观察反应生成物，以放大80~170倍较适宜。

白金丝：熔矿粉末用（一端固定在玻璃棒内，另一端弯成直径2 mm的小圆环）。

（二）试剂

（1）液体试剂：1∶1 HNO_3；1∶7 HNO_3王水；1% HNO_3；1∶5 HCl；浓 H_2SO_4；1∶3 H_2SO_4；浓 NH_4OH；2%二甲基乙二醛酒精溶液；3%硫氰酸汞钾水溶液 $K_2Hg(CNS)_4$；氯化亚锡（$SnCl_2$）（2%的1∶5 HCl溶液）；钼酸铵（NH_4）$_2$·Mog_4（1.5%的1∶7 HNO_3溶液）；KCNS（5%水溶液）；吡啶溴氢酸（1份容量吡啶溶于9份容量40% HBr）等。

（2）固体试剂：氯化铯、碘化钾、硝酸钴、硫氰氢酸钾、重铬酸铵、醋酸钙、醋酸钠、铋酸钠、苏打硝石溶剂（19 份 $NaCO_3$ + 1 份 KNO_3）、氯化钾、硝酸银等。

三、微化分析操作步骤

（1）取样。把光片上的欲测矿物刻取少量粉末备用，取样时，若矿物颗粒较大，可直接用肉眼在光面上刻取；若矿物颗粒较小，则需在显微镜下刻取，要注意钢针切勿刻划到其他矿物上。

（2）移置。将光片上刻下的和钢针上沾有的矿物粉末用沾有温水的牙签转移到清洁的载玻片上。

（3）溶样。滴一滴王水或 1∶1 HNO_3 溶剂在清洁载玻片的另一端。再把沾有矿粉的牙签置于溶剂中，在酒精灯或电炉上徐徐加热（小心炸裂载玻片），使液滴溶解矿粉并缓解蒸发干，若未被溶完，要反复几次上述操作直至溶完残样。待载玻片冷却后再滴一滴 1∶7 HNO_3 或其他稀酸溶解蒸发后的残品，此时稀酸溶液中即含有欲鉴定的化学元素。

有少数不溶于酸的矿物，可用碳酸钠或氢氧化钠或过氧化钠或碳酸钠与硝酸钾的混合物作溶剂，将矿粉熔融。方法是将白金丝环放在酒精灯上烧红，插入溶剂内并沾取少许溶剂溶成球状，趁未冷却时迅速沾取矿物粉再放到酒精灯上熔融，直至反应完，然后在一小试管内放 0.5 ml 左右的水或酸，将溶珠放入其中即成样品溶液。

（4）过滤。上述制成的样品溶液中可能含有杂质沉淀物，故需用毛细管吸取清液并转移到载玻片的另一边。

（5）加试剂。试剂有固体和液体两种，通常有以下方法加试剂：

液态试剂：①将一滴试剂直接滴入样品溶液；②在样品溶液近旁滴一滴试剂，用干净的牙签将两液滴沟通，使试剂溶液缓慢流入样品溶液中。

固态试剂：用湿牙签沾上一小粒试剂将它直接放入样品溶液中心，若样品溶液浓度过稀未有沉淀物析出，可在酒精灯上将载玻片稍加热，沉淀物则会迅速结晶出来。

（6）观察反应结果。在偏光显微镜下用透射光观察反应物的晶形、大小和颜色特征，有些元素的反应物不生成晶体，仅显出特殊的颜色。

观察反应物应在液滴的边缘进行，因中心部位晶体的叠置往往无法观察到完好的晶形。有时由于试剂量加的过多，试剂本身蒸发结晶出来的晶体易被误认为是反应物的晶体。

利用微化分析法鉴定一种元素，一般只需要 10～15 min 即可完成，分析用的试剂和矿用量很少，一般测试矿物的粉末只要肉眼，但是当欲测矿物颗粒直径太小（<0.2 mm）时，造成取样困难，很难预测结果。当欲测矿物为含有同样元素的两种矿物时，如脆硫铅矿，微化分析时不能做出鉴别。

四、重要元素的微化分析

显微结晶化学分析中有几种试剂能与多种元素发生反应，产生特定的沉淀或溶液，鉴定意义较大。如硫氰酸汞钾对于铜、锌、钴、金、硒等元素，碘化钾加氯化铯对于锑、锡、铅、铜等元素都有鉴定意义。另有些元素对某试剂很敏感，如铋酸钠对于锰，二甲基乙二醛对于镍等。现将若干重要元素的分析结果简介如下。

（1）锌。以王水溶解闪锌矿等含锌矿物，在残品上加 1∶7 硝酸后移液，再加一点 3% 硫氰酸汞钾溶液,产生白色羽毛状、雪花状、毛十字状硫氰酸汞锌晶体。矿物含铁时溶液显血红色,将硫氰酸汞锌染色。加1:3的磷酸一滴去铁,溶液立即褪色显出硫氰酸汞锌的白色晶体。

(2)铜。以1:1的硝酸或王水溶解黄锡矿等含铜矿物,在残品上加较多的1:7硝酸后移溶液,再加尽可能小的一滴3%硫氰酸汞钾溶液,产生黄绿色苔藓状(多铜)或叶片状(少铜)硫氰酸汞铜晶体,矿物含铁对硫氰酸汞铜晶体颜色观察有妨碍,仍可同上加稀磷酸消除影响。

(3)钴。操作方法及试剂完全与铜相同,最后产生浅蓝色细长方状硫氰酸汞钴晶体,当矿物中钴的含量少时可弹动载玻片或加入极少量锌粉,产生灰蓝色锌、钴铜相混合晶。

(4)砷。以1:1硝酸溶矿溶解毒砂等,残品在较多的1:7硝酸微热后加钼酸氨粉末少许,在镜下可见到金黄色球状集合体、立方体和小八面体砷钼酸氨晶体,或者以1:1硝酸溶液,残品加1:1盐酸后移液,微热时加极少量碘化钾粉末产生黄色六边形,近似六边形的碟状碘化砷晶体。

(5)镍。以1:1硝酸或王水溶解镍黄铁矿等含镍矿物,在干渣残品上撒上极少量二甲基乙二醛肟粉末,再加一滴20%的氨水,逐渐形成粉红色细针状、针束状二甲基乙二醛肟镍晶体。

(6)铋。以1:1硝酸溶矿,在残品上加1:5盐酸移液后,加入一小粒碘化钾(溶液呈橙黄色),再加一小粒氯化铯,橙黄色溶液褪为无色,在黄色溶液和无色溶液接触处产生玫瑰红色的六边形碘化铋铯晶体。锑也形成类似颜色、形状的产物,可用氯化铯法区别。氯化铯法是在上述1:5盐酸清液边缘放一粒氯化铯,产生无色的菱形板状氯化铋铯晶体。

(7)碲。以1:1硝酸溶矿(辉锑矿)等,在残品上加1:5盐酸后移液后,加入一小粒氯化铯,产生淡黄色八面体(碲多)、假六边形(碲少)氯化碲铯晶体。

(8)锑。以1:1硝酸溶解矿(辉锑矿等)。在残品上加1:5盐酸移液后,加入一小粒碘化钾(溶液呈黄色),再加一小粒氯化铯,产生橙黄色星状或六边形片状的碘化锑铯晶体。进一步在上述1:5盐酸清液中加入一小粒氯化铯,则产生无色的六片状(其中心为星状)氯化锑铯晶体。

(9)锡。以1:1硝酸溶解黝(黄)锡矿,在残品上加1:1盐酸移液后,加一小粒氯化铯,产生无色透明的氯化锡铯细小八面体晶体。

(10)锰。以1:1硝酸或王水溶矿(硫锰矿等),在残品上加1:7硝酸浸取清液,加少量铋酸钠粉末,溶液立即显粉红色或红紫色(高锰酸为红色紫色)。

(11)硫。以王水溶矿(硫化物),在残品上加一滴5%盐酸后移液,加一小粒醋酸钙,逐渐出现石膏的无色针状或草束状晶体。

重要元素微化产物的结晶形态素描图见图10-2。

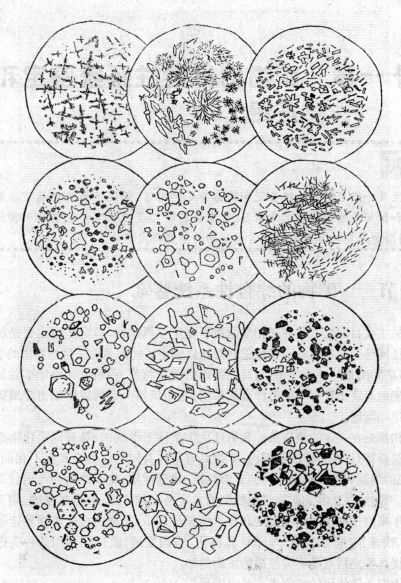

从左至右，自上而下依次为：1.白色硫氰酸汞锌；2.黄色硫氰酸汞铜；
3.浅蓝色硫氰酸汞钴；4.金黄色砷钼酸铵；5.黄色、黄绿色碘化砷；
6.粉红色二甲基乙二醛肟镍；7.玫瑰红色碘化铋铯；8.淡黄色氯化铋铯；
10.橙黄色碘化碲铯；11.无色氯化锑铯；12.无色氯化锡铯

图 10-2　重要元素微化产物的结晶形态素描图

第十一章 矿物的综合性系统鉴定和简易鉴定

学习目标

　　本章主要介绍了矿物系统鉴定和简易鉴定的内容,讲述了系统金属矿物鉴定表的编制原则和使用方法。通过本章学习,应掌握在矿相显微镜下鉴定金属矿物的基本内容,能够借助金属矿物鉴定表进行常见矿物的鉴定与定名。

第一节　　矿物的综合性系统鉴定

　　矿相学的主要目的之一是在矿相显微镜下鉴定金属矿物,鉴定矿物主要是利用未知矿物的鉴定特征同已知矿物的鉴定特征进行对比以确定矿物的名称。自然界中的金属矿物已近千种,许多矿物的某些性质很相似,又无突出的鉴定特征,不易立即确定矿物的名称。为了迅速而准确地鉴定出矿石中的每种金属矿物,必须依照一定的规律编出金属矿物系统鉴定表来解决这一问题。

　　各种矿物都是在一定的地质条件和物理化学条件下形成的,具有固定化学成分和晶体构造及共生组合特点,在一定的范围内,矿物具有某些共同的属性及其互不相同的个性,基于此,鉴定表的编制要能反映出矿物的光学性质、物理性质、化学性质和产出状态四大方面的鉴定特征。显然,对比鉴定矿物时所根据的鉴定特征越广泛,数据越精确,则其鉴定结果越可靠。近年来由于科学的迅速发展和技术的长足进步,不透明金属矿物鉴定研究正向着"微粒、微区、快速、定量、自动化、电子计算机化"方向发展,故广泛利用各种先进测试手段研究矿物以提高鉴定精度是不容忽视的发展趋势。

　　现阶段人们通常使用的鉴定表主要有四种:

　　表格分组式鉴定表:只要保留两三项主要性质(如反射率及硬度等)观测得准确,就可以使查表不出错误,可将矿物圈定在一个较小的范围里。此表用以对比较为方便,既不排斥定量数据的引用,也不受仪器条件的限制。其缺点之一是某些矿物在相邻的表中需重复出现;二是其定量数据的使用不如顺序排列式方便、简明和系统。

　　顺序排列式鉴定表:充分利用定量测量的常数,如反射率和硬度值等,可以避免矿物在简单表中重复出现。其缺点是受仪器及条件的限制,若无精密的仪器,使用此表较为困难。

　　本书采用表格分组式鉴定表。由于我们用的是教学用鉴定表,因此应该符合教学规律、结合当前教学实验室的条件来考虑,力求简明扼要,使初学者易于掌握。

第二节　常见矿物简易鉴定

　　矿物的简易鉴定是在矿物综合鉴定全面研究的基础上,抓住某些矿物鉴定特征中一项或几项与其他矿物迥然不同的特征,即各种矿物的特殊性,快速而简便地定出矿物的名称。如铜蓝,只要抓住其显著的反射多色性(深蓝色微带紫色—蓝白色)、特强的非均质性和特殊的偏光色(45°位置显火红色—红棕色)等特征就能快速定出矿物的名称。实践证明,如果我们掌握常见矿物的简易鉴定特征,会给实际工作带来很多方便。在鉴定时,对某些特征有相似之处的常见矿物,还要对比区分,有比较地认识它们的异同点,熟练掌握其特征,方能鉴别。

　　为了帮助学生熟练掌握常见矿物的主要鉴定特征,我们选择了 35 种常见矿物列入简易鉴定表中(见表 11-1),供简易快速鉴定时参考。

表 11-1　常见矿物简易鉴定特征表

矿物名称及 化学组成	主要鉴定特征
黄铁矿 FeS_2	浅黄色,高反射率 $R=54\%$ ±,高硬度,均质性,常呈自形晶或棱角状碎粒集合体,不易磨光,常具麻点,胶黄铁矿呈胶状构造
白铁矿 FeS_2	黄白色,高反射率(约等于黄铁矿),高硬度,显双反射(黄白—黄绿色)和强非均质性,(偏光色黄绿—灰紫—蓝灰)为主要特征
镍黄铁矿 $(Fe,Ni)_9S_8$	黄白色,反射率稍低于黄铁矿,中硬度,均质性,常产于与基性或超基性岩有关的铜镍硫化物矿床中,与磁黄铁矿、黄铜矿共生,常沿磁黄铁矿颗粒边缘形成结状结构
磁黄铁矿 $Fe_{1-x}S$	乳黄色微带玫瑰棕色,反射率小于方铅矿,中硬度,强非均质性,偏光色黄灰—绿灰—蓝灰,强磁性,常呈他形粒状及其集合体产出
毒砂 $FeAsS$	亮白色微带黄色调,高反射率,高硬度,强非均质性,特征的淡玫瑰色—蓝绿色,消光色散显著,晶形断面常为菱形、菱柱形、长柱形、短柱形
黄铜矿 $CuFeS_2$	铜黄色,反射率与方铅矿近似,$R=43\% \sim 46\%$,弱非均质性,中硬度,易磨光,常与其他铜矿物及方铅矿、闪锌矿共生
黝铜矿 $Cu_3SbS_{3.25}$	灰白色微带淡褐色,中等反射率,$R\approx30\%$,中硬度,均质性,常与其他铜矿物共生
辉铜矿 Cu_2S	灰白色微带浅蓝色,弱非均质性(显均质性),低硬度,加硝酸发泡、染紫、显结构,常与其他铜矿物共生
砷黝铜矿 $Cu_3AsS_{3.25}$	灰白色微带淡蓝绿色,中等反射率,$R\approx30\%$,中硬度,均质性,常与其他铜矿物共生
蓝辉铜矿 $4Cu_2S \cdot CuS$	浅灰蓝色,均质性,低硬度,加硝酸发泡、显结构,常与铜蓝、辉铜矿等铜矿物共生
铜蓝 CuS	反射色为浅蓝—深蓝色,双反射显著,为浅蓝—蓝色,具特强的非均质性和特殊的偏光色,火橙—红棕色
斑铜矿 Cu_5FeS_4	淡玫瑰棕色,中低硬度,均质性,有时显微弱的非均质性,与其他铜矿物共生,在空气中易变为蓝紫色
自然铜 Cu	亮铜红色,高反射率,低硬度,具擦痕,均质性
红砷镍矿 $NiAs$	浅玫瑰红色,微带黄色或棕色,高反射率,高硬度,强非均质性,偏光色黄绿—绿—淡紫色

矿相学基础

续表 11-1

矿物名称及 化学组成	主要鉴定特征
磁铁矿 Fe_3O_4	浅灰色微带浅褐色,反射率略大于闪锌矿,均质性,高硬度,具强磁性,常呈等轴状自形晶
针铁矿 $\alpha-FeO(OH)$	灰色,反射率近于闪锌矿,高硬度,非均质性,内反射色为褐红色—褐黄色—黄色,以具放射状结构、胶状构造为特征
赤铁矿 Fe_2O_3	灰白色带淡蓝色,反射率略高于磁铁矿,具较强的非均质性,偏光色蓝灰-灰黄色,粉末呈红色,晶形为板状、叶片状、鳞片状,常与磁铁矿连生
钛铁矿 $FeTiO_3$	灰色带褐色,高硬度,弱非均质性,反射率略小于磁铁矿,常在磁铁矿或赤铁矿中构成不混溶连晶,多呈叶片状或格状
黑钨矿 $(Fe,Mu)WO_4$	灰色,反射率近于闪锌矿,中—高硬度,弱非均质性,多具板状切面,常与锡石、辉钼矿、辉铋矿共生
铬铁矿 (Fe,Mg) $(Cr,Fe,Al)_2O_4$	灰色微带褐色,低反射率,高硬度,均质性,自形晶呈八面体
辉钼矿 MoS_2	具极显著的双反射和特强的强非均质性,偏光色为暗蓝和白色微带玫瑰紫色,反射率中—低,低硬度,晶形常为微曲的叶片状
辉铋矿 Bi_2S_3	白色,高反射率,低硬度,放射状纤维晶,对KOH不起反应,遇HNO_3染黑,非均质性弱于辉锑矿,反射率高于辉锑矿
辉锑矿 Sb_2S_3	灰白色,以显双反射,具强非均质性和加KOH产生橘黄色沉淀为特征;常见弯曲的聚片双晶
方铅矿 PbS	纯白色,具特征的黑三角孔,低硬度,常见擦痕,均质性,与闪锌矿、黄铜矿及银矿物共生
闪锌矿 ZnS	灰色,中硬度,均质性;相对突起大于黄铜矿、黝铜矿,小于磁黄铁矿,其中常见黄铜矿、磁黄铁矿的乳滴状和叶片状固溶体分离物,常与方铅矿共生
辰砂 HgS	内反射具显著的血红色,中等反射率(稍低于黝铜矿),低硬度,反射色灰白微带蓝色调
雌黄 As_2S_3	以特殊稻草黄色内反射合为特征,中等反射率(近于黝铜矿),不显双反射,低硬度、强非均质性,加$HgCl_2$产生黄色沉淀,常与雄黄共生
雄黄 AsS	具显著的橙黄色或桔红色内反射色,反射率低于雌黄,不显双反射,低硬度,常与雌黄共生

续表 11-1

矿物名称及化学组成	主要鉴定特征
锡石 SnO_2	深灰色,不易磨光,常呈自形晶,高硬度,非均质性,内反射色为黄色—白色,加 HCl 和锌粉出现金属锡薄膜
蓝铜矿 $2CuCO_3 \cdot Cu(OH)_2$	深灰色微带粉红色色调,具鲜明的天蓝色内反射色,常与孔雀石等矿物共生,产于铜矿床氧化带
孔雀石 $CuCO_3 \cdot Cu(OH)_2$	深灰色微带粉红色色调,以鲜明的翠绿色内反射色为特征,常具放射状结构,与蓝铜矿等矿物共生,产于铜矿床氧化带
石墨 C	具极显著的双反射和极强的非均质性,偏光色为橙黄—暗蓝紫色,低反射率,硬度极低,切面常呈弯曲的鳞片状
石榴石 $R_3^{2+} R_2^{3+} (SiO_4)_3$	深灰色,低反射率,高硬度,内反射色为红褐色或浅绿色,均质性,常呈等轴自形粒状晶体,无解理
方解石 $CaCO_3$	深灰色,低反射率,具显著的双反射,强非均质性,中硬度,内反射色为乳白色,解理发育
石英 SiO_2	深灰色,低反射率,高硬度,磨光好,具强烈的内反射,乳白色,常见彩色色散现象,常呈自形晶

第三节　金属矿物鉴定表的编制原则和使用方法

一、鉴定表的编制原则

本书采用分组鉴定表。首先,根据矿物反射率的大小,以四个标准矿物将矿物的反射率从高到低分为五级:$R >$ 黄铁矿;黄铁矿 $> R >$ 方铅矿;方铅矿 $> R >$ 黝铜矿;黝铜矿 $> R >$ 闪锌矿;$R <$ 闪锌矿。然后,根据矿物的金属针刻划硬度分为高、中、低三级,把鉴定表分为 15 个。

(1)鉴定表的编制以矿物物理性质为基础,并结合化学性质及产出状态等其他特征。

(2)在物理性质中,将反射率放在首位,硬度放在第二位,强调了二者的重要性。因为矿物的反射率是矿物化学成分和晶体构造特点的直接反应,它不但能鉴定金属矿物的物种,而且能鉴定矿物的"变种""异种"及矿物的"多型",因此反射率是最重要的鉴定特征;硬度也是确定的物理性质之一,尤其是抗压硬度值还可作为矿物重要的成因标型特征之一。

(3)矿物的排列顺序以白光反射率测定值为准,按递降顺序排列,无白光数值的则用绿光、黄光数值或估计数值代替,对具有两个数值的矿物,以其高反射率值为准进行排列,其低

反射率值在以后的表中还将重复出现。

(4)矿物的成分和组构特点是成矿作用、成矿环境和成矿过程的客观证据,因此在鉴定表中着重加强了对矿物产出状态的阐述,以利于矿物的综合鉴定。

(5)根据目前我们的教学设备条件,鉴定表中各项性质分得不宜过细,为使学生便于掌握和判断,鉴定表中的矿物数量不宜过多。

二、鉴定表的使用方法

根据以上原则,我们编制的鉴定表中包括的内容有矿物名称、反射率、硬度及镜下鉴定特征,还包括该矿物的组构特征、矿物组合及地质产状、矿物的工艺性能等,鉴定表共分十栏,各栏主要内容如下:

第一栏　矿物名称、化学组成及晶系。矿物名称下附英文名称,矿物名称的右上角标有 $**$ 者为最常见矿物,标有 $*$ 者为普通矿物,无 $*$ 为少见矿物。

第二栏　反射率。由于一般测定是在白光下进行的,所以每种矿物首先列出的是白光反射率测定值;同时,根据国际矿相委员会(COM)规定的标准淡色波长,分别列出矿物 470 nm(蓝光)、546 nm(绿光)、589 nm(蓝光)、650 nm(红光)四种单色光的反射率测定值,个别矿物采用了目测值和估测值。

第三栏　硬度。此栏从上至下共列出三种数据:①莫氏硬度,一部分为实测值,一部分为由压入硬度换算而成的计算值;②维克压入硬度各家数值基本完全列入,其数值右下角附注负荷数,例如:100_{20},20 即为负荷(g),所测得的维克硬度即为 150 kg/mm^2,未注负荷数者,其负荷均为 100 g;③相对抗磨硬度列出了与其比较的矿物。

第四栏　反射色。首先描述在直射光下空气中观察所见的反射色的色调,而后描述反射色的视觉色变效应,即该矿物与其他金属矿物邻接时产生"视觉色变"效应后得出的反射色。比较矿物写在括号内。如自然铜的视觉色变效应"粉红色"(自然银),即表示与自然银连接时,自然铜的反射显"粉红色"。

第五栏　双反射、反射多色。视测分级为显和不显两级,括号内注明反射多色性的颜色变化;显是指在空气中可见者。

第六栏　均质性和非均质性。划分为强非均质性、弱非均质性和均质性三级,A_r 注明不同波长中的实际角度。

第七栏　内反射。表示内反射为"有""无"两级。有内反射,指在空气中以斜射法或正交偏光法观察到的内反射现象,标有 $*$ 者为粉末色。括号内注明了内反射的颜色。

第八栏　浸蚀反应。采用常用的六种试剂(HNO_3、HCl、KCN、$FeCl_3$、$HgCl_2$、KOH),有反应者在栏内注有"+",并对其反应现象进行描述;无反应者注有"-",个别情况下,根据不同的矿物增加试剂。

第九栏　磨光性、形态特征、矿物组合、组构特点及产状。磨光性是指矿物光片的磨光程度,组构特点是指矿石的构造、结构和矿物晶粒的内部结构。此外,还描述了矿物的产状。

第十栏　主要鉴定特征及与类似矿物的区别。矿物特有的 1~2 个特征,并强调与其他类似矿物相区别的主要依据。

以第一鉴定表 R > 黄铁矿的低硬度矿物组(自然银、自然铜、自然金)为例,列表如下(见表11-2)。

表 11-2　第一鉴定表 R > 黄铁矿的低硬度矿物柱（部分）

矿物名称 化学组成 晶系	反射率（%）	1.刻划硬度 2.压入硬度 3.抗磨硬度	反射色	双反射与反射多色性	均质性与非均质性	内反射	浸蚀反应	磨光性、形态特征、矿物组合、组构特点及产状	主要鉴定特征及与类似矿物的区别
自然银* Silver Ag 等轴晶系	白光:95 470nm:88 546nm:93 589nm:94 650nm:95	1.2.5~3 2.43~59 40~57$_{10-20}$ 3.≥淡红银矿 >方铅矿 <黝铜矿、锑银矿	亮白色微带乳黄色，空气中迅速变成为较深的奶油色，粉红色和彩色。亮白微黄、锑银矿、自然铜	不显	均质性	无	HNO₃（+）发泡、染黑; HCl（±）熏污; KCN（+）微染灰棕; TeCl₂（+）晕色、染黑; HgCl₂（+）晕色、染棕; 碘酒（+）白色薄膜	易磨光，多擦痕。呈树枝状、散晶状、分散叶片状和毛发状等集合体形态出现。导电性强，为可塑性矿物。与辉银矿、方铅矿、深红银矿、黄铜矿、磁黄铁矿、红砷镍矿等伴生。常见于中低温热液矿床的次生富集带中，也见于火山沉积、变质矿床中	以高反射率、均质性、低反射率、低硬度为特征，以反射色与自然金区别，金银矿可区别，以均质性与自然铋区别
银金矿* Electrum AuAg 等轴晶系	白光:83 470nm:76 546nm:90 589nm:92 650nm:93	1.2.5~3 2.34~44 3.>方铅矿 =自然金 <闪锌矿、黄铜矿	乳黄色或淡黄色较浅的黄色，自然金;亮黄色较浓、黄铜矿	不显	均质性	无	HNO₃（±）熏污、微泡; KCN（±）染黑; TeCl₂（±）晕色、染棕; HgCl₂（+）晕色、染黑	易磨光，具磨痕。呈不规则粒状及细脉状产出，常包裹于石英、方解石等矿物中。伴生有自然金、自然银、黄铁矿、方铅矿、自然铋、闪锌矿、黄铜矿等。主要产于高、中、低温热液脉状矿床及沉积(砂)矿床中，也常见于火山沉积和变质矿床中	以高反射率、低硬度为其特征，以反射色、浸蚀反应与自然银、自然铅、自然铜和黄铜矿区别

续表 11-2

矿物名称 化学组成 晶系	反射率（%）	1.刻划硬度 2.压入硬度 3.抗磨硬度	反射色	双反射与反射多色性	均质性与非均质性	内反射	浸蚀反应	磨光性、形态特征、矿物组合、组构特点及产状	主要鉴定特征及与类似矿物的区别
自然铜* Copper Cu 等轴晶系	白光:81.2 470:48 546:56 589:79 650:87	1.2.5~3 2.48~143 40~57$_{10-20}$ 3. > 辉铜矿、黄铜矿 < 赤铜矿	铜红色,空气中易变成浅褐色;粉红色,自然银,辉铜矿 亮粉红	不显	均质性	无	HNO₃（+）发泡,（±）染棕色,表面粗糙; HCl(±)染棕色; KCN(+)慢染棕; TeCl$_2$（+）迅速变黑; HgCl$_2$（+）晕色,染黑; KOH(+)晕色,染棕	易磨光,常见擦痕。呈粗粒或细粒他形晶集合体,具肾状、结核状构造。自然铜表生时,呈树枝状、矛刺状外形,呈浸蚀后可见核片双晶和环带结构,具可塑性和强导电性。在赤铜矿、斑铜矿、辉铜矿、磁黄铁矿、镍黄铁矿中呈黄铜矿包体。含方黄铜细晶。可向连晶交代成辉铜矿、赤铜矿或或氧化成赤铜矿。常产于热液矿床、风化矿床和沉积矿床中	以特殊反射色与金区别,自然银,自然性,以均质性,射率和低硬度与镍砷矿区别；高反射率与金红

第十二章　矿石的构造、结构及矿物晶粒内部结构

学习目标

　　本章主要讲述了矿石的构造、结构及矿物晶粒内部结构的基本概念、研究意义、研究方法，阐述了不同矿床成因类型的典型构造和结构类型、特点，讨论了矿物晶粒内部结构的类型、特征及其成因。通过本章的学习，应掌握矿石的构造、结构、矿物晶粒内部结构的基本含义，能够初步识别不同的构造、结构所代表的矿产成因。

第一节　概　述

一、矿石的构造、结构及矿物晶粒内部结构的概念

　　矿石是在各种地质作用中形成的，由有经济价值的一种或几种矿石矿物和（暂时）无经济价值的一种或几种脉石矿物所组成的矿物集合体。由于矿石形成条件、形成作用和形成过程不同，以及矿物本身晶体化学性质的差异，致使矿石的形态多种多样。为了便于描述和研究矿石，常用矿石构造和矿石结构两个专业术语来表达。

　　矿石构造，是指矿石中矿物集合体之间的相互关系、形状、大小和空间上的分布特征。

　　矿石结构，是指矿石中矿物晶粒之间的形状、大小和空间相互的结合关系。矿物晶粒切面的形态特征是指矿物结晶颗粒的外形、习性和内部结构；矿物晶粒的内部结构是指单个矿物结晶内部所显现的环带、双晶、解理、裂理、加大边和裂纹等结晶学和力学形态特征。

二、研究矿石构造和结构的意义

　　矿石构造主要通过不同的地质成矿作用所形成，矿石结构和矿物晶粒的内部结构则主要由不同的物理化学作用所形成。它们是在一定的地质和物理化学条件下矿作用的产物。

（一）帮助分析矿床成因及为找矿勘探提供基础资料

　　矿石的组构特征是矿石形成过程的客观证据。因此，研究矿石的组构可以帮助分析成矿的地质条件、物理化学环境、成矿作用特点及其演化过程和成矿以后遭受的变化，从而为确定矿床成因提供依据和有助于地质找矿勘探工作的顺利进行。例如，产于地表面或地表裂隙发育部位的，由金属矿物组成的蜂窝状、多孔状或皮壳状等构造，属风化作用的产物，它不仅表明金属矿床经过了表生变化，同时还可作为找矿标志，指示深部可找到的原生矿体。如以水锌矿和菱锌矿组成的皮壳状构造和由褐铁矿及铅钒组成的蜂窝状构造，其蜂窝孔壁大致平行并呈方形或长方形骨架。根据矿石的矿物组合及蜂窝状构造的特点，可说明深部原生矿体主要由多金属铅锌硫化物组成。当矿石中普遍具有皱纹状、肠状、椭球状、条带状

和片麻状等构造,以及等粒与不等粒变晶、似斑状变晶、定向拉长变晶、揉皱片状变晶、塑性流动、压碎、愈合、压力影、变余凝灰等结构,结合矿床其他特征,可确定此类矿床属火山沉积—受变质矿床。例如,南京栖霞区铅锌硫矿床,过去都认为是热液成因,但是 20 世纪 70 年代南京大学地质系对该矿床的研究发现了在结核状、层纹状矿石中有各种各样的草莓球粒状黄铁矿。这种草莓球粒状黄铁矿的形成可能是藻类等有机质在缺氧的条件下腐烂时,被厌氧细菌还原分解并产生 H_2S,HS^- 又与 Fe^{2+} 结合而成;也可能是由于产生铁的细菌形成 $Fe(OH)_3$,赋存于微生物的髓鞘内,当有机质腐烂以及硫酸盐在厌氧细菌作用下产生 H_2S 时,H_2S 再与微生物遗体反应形成黄铁矿。有些黄铁矿—胶黄铁矿还具有藻类化石的细胞组织,细胞的间隙常被有机质充填,因此是生物化学作用的产物,但矿床中也有明显的属后生热液成矿作用的矿石构造特征,如有脉状、网脉状、晶簇状等构造,在这些矿石构造中还普遍见有方铅矿、闪锌矿交代黄铁矿的现象,通过矿石组构特征的研究,确定栖霞山由铅锌硫矿床组成,应属同生沉积—热液叠加成因。又如河南某多金属硫铁矿矿石中的鸟眼状结构是由于成矿介质的氧逸度增加,在相对氧化条件下,使其含负二价硫黄铁矿不稳定,经氧化分解作用而趋向于转变为含对硫的黄铁矿,并沿磁黄铁矿颗粒形成一环边,指示了成矿的物理化学条件的变化。此外,矿石中广泛发育的脉状构造,据其形态、物质成分及结构等特点,可判别其形态作用,如交代脉状构造,脉体两壁的形状不同,系沿着未张开的裂隙由交代方式形成,而充填脉状构造、脉壁具有反向对称的特点,被脉切穿的物体可以恢复其原来全貌,为充填方式形成,变质再造脉由重结晶作用形成。如新疆某铁矿床,产于条带状赤铁矿矿石中的镜铁矿矿脉,其特点是脉体产于同类矿物集合体——赤铁矿中,且成分比较单一,说明不是后期热液带来的新物质,而是在原有基础上发展起来的,脉体内的镜铁矿有聚片状和格子状双晶,石英颗粒具波状消光,矿石常伴有片理化和角砾化现象,均反映了新生成的镜铁矿矿脉是在变质过程中,于原有矿石基础上由重结晶作用而成。

(二)帮助选择合理的矿石技术加工方法

矿石的矿物成分、结构构造、有用矿物的粒度特征和嵌布关系以及有益有害组成的分布和赋存状态等特点,是选择选矿方法和设计工艺流程的主要依据。因此,通过矿石构造结构的研究可给选择最佳的矿石技术加工方法和选矿工艺流程提供一定的资料。

例如,我国江南某铁帽型钨矿,铁帽中钨品位已达综合回收或单独利用的指标,但经选矿试验后却得不到钨精矿,而且铁精矿中的钨品位也未降低。经矿相研究,发现黑钨矿粒度极细,粒径一般为 0.001 ~ 0.003 mm,由于针铁矿或褐铁矿呈包含状结构,另一部分黑钨铁矿与褐铁矿呈细密的皮壳状构造,因此得出用单一的机械方法不能使黑钨矿单体与铁矿物解离开,故得不到钨精矿,同时铁精矿中钨品位也不能下降。又如铜镍硫化物矿石,经选矿工艺研究认为有一部分紫硫镍矿很难回收,以至使镍矿石中镍的回收率降低。经过对该矿石结构构造的研究,查明了此矿床有两种紫硫镍矿,一种是由镍黄铁矿变成的,保留有镍黄铁矿八面体解理形成的假象结构,在化学成分上富镍贫铁;另一种由磁黄铁矿变成,且逐渐过渡为黄铁矿成为镶边结构,在化学成分富铁贫镍。由于该矿石含铁高,又缺硫,可能影响捕收剂对它的浮选效果,同时紫硫镍矿具有疏松的特性,它与高硬度的黄铁矿毗邻,在磨矿时易于泥化,于是导致在尾砂中富集,故成为难选的紫硫镍矿。

通过对矿石的研究,可为提高镍的回收率、选择有效的药剂和工艺流程提供基础资料。

三、研究矿石结构构造的方法

研究矿石结构构造必须结合矿床地质的研究。通过对成矿地质条件、矿体地质特点的观察和分析,有助于对矿石结构构造特点的认识。为此,必须进行野外观察与地质编录,还需进行室内研究。

(1)在野外对矿点露头、探槽、岩芯、坑道及露天采场和废石堆等进行地质观察时,应注意矿体的产出特征、矿体与围岩的关系,矿体周围的角砾化、片理化、构造错动行迹等与矿石构造结构的关系,沉积矿床中需注意矿层由顶板至底板以及沿矿层走向矿石成分和构造结构的变化。脉状矿床应注意矿脉间时间和空间的关系以及各脉体中矿石构造结构的特点。在详细观察和记录的同时,还应绘制1:10~1:100的素描图,并采集各种典型的矿石构造标本和具有各种相互关系的矿石标本。

(2)钻孔岩芯编录,主要是观察含矿岩芯(或矿芯)的矿石构造,并作1:1或1:2的素描图。

(3)室内研究时先要将采集的标本用肉眼或放大镜对矿石组构、物质成分进行观察整理,然后挑选出需进一步研究的标本,用彩笔圈出需磨制的部位,按所需要求分别制成光薄片。

(4)将磨制成的光块、光片或光薄片在显微镜下进行研究,研究其矿石结构、矿物的内部结构和细微构造,以及精确确定矿石物质成分和相互关系,对某些结构和内部结构的研究有时还须做浸蚀方能显露。

■ 第二节 矿石的构造

矿石构造是指矿物集合体的形状、大小和相互关系,也就是说构造的形态单位是矿物集合体,而矿物集合体又是在一定的地质和物理化学条件下形成的矿物组合。矿物集合体在空间的相互结合关系即组成了各种形态的矿石构造。

一、矿石构造的分类

矿石构造按矿物的形态类型可分为四种:①均一的;②延长的;③浑圆的;④不规则的。构造均一的如块状构造、浸染状构造、多孔状构造、粉末状构造等;延长形态的构造有带状构造、片状构造、脉状构造、流纹状构造、透镜状构造、网脉状构造以及层状构造等;浑圆形态构造有豆状构造、环状构造、胶状构造、同心圆状构造、结核状构造、鲕状构造、肾状构造、砾状构造等;不规则形态的构造有斑杂状构造、角砾状构造、斑点状构造、晶洞状构造、放射状构造、皮壳状构造、晶簇状构造、钟乳状构造、结核状构造、蜂窝状构造以及皱纹状构造等。

由于矿石构造主要是在地质成矿作用中形成的,因此地质成矿作用也应作为矿石构造分类的基础。按成矿作用可将矿石构造分为五个成因组(见表12-1),即岩浆成因、气水-热液成因、风化成因、沉积成因、变质成因。

二、矿石构造的主要成因类型及其特征

(一)岩浆成因矿石构造

本类构造包括在岩浆成矿作用中由岩浆分异作用形成的各类岩浆矿床和与火山作用有

关的各类火山岩浆矿床中的矿石构造,矿石与母岩在形成上基本属同期和同一地质作用。矿石在成分上与母岩成分基本相同,只是有用组分相对富集,组成这类矿石的金属矿物有铬铁矿、磁铁矿、钛铁矿、磁黄铁矿、镍黄铁矿、黄铜矿、铂族元素及铌、钽等矿物。脉石矿物主要是造岩矿物,有杆榄石、辉石、基性斜长石、磷灰石、蛇纹石及绿泥石等。岩浆矿石主要构造类型如下。

1. 侵入岩浆矿石构造

此类矿石构造是在岩浆结晶分异、岩浆熔离作用及贯入作用过程中形成的,矿石形成在地壳较深的部位(一般 3～5 km),且与深成相的基性、超基性侵入岩有关。由于矿石与母岩是在同一地质作用下形成的,故二者常呈渐变过渡关系。这类矿石往往具有如下构造。

表 12-1　矿石构造分类

成因分类	岩浆矿石构造		气液矿石构造		风化矿石构造	沉积矿石构造			变质矿石构造
	侵入岩浆矿石构造	火山岩浆矿石构造	充填矿石构造	交代矿石构造		机械沉积矿石构造	胶体及生物化学沉积矿石构造	火山沉积矿石构造	
矿石构造类型	块状 浸染状 斑点状* 斑杂状* 海绵晶状 条带状* 脉状* 豆状* 滴状* 角砾状	气孔状* 杏仁状* 流纹状* 珍珠状* 浸染状 角砾状 绳状* 块状 脉状 条带状	脉状* 网脉状* 梳状* 晶洞状* 条带状 浸染状* 角砾状 环状* 胶状* 块状	块状* 浸染状 脉状* 条带状 交代残余及假象* 斑点状 斑杂状* 角砾状	多孔状* 蜂窝状* 葡萄状* 钟乳状* 胶状* 皮壳状* 土状及 粉末状* 结核状 角砾状 晶洞状* 脉状及 网脉状	松散状* 星散状* 条带状 纹层状 砾状* 透镜状	鲕状* 肾状* 豆状* 胶状 结核状* 层状* 透镜状 叠层石* 浸染状 角砾状 块状 条带状 草莓状* 马尾丝状	角砾状* 条带状 纹层状 团块 胶状* 鲕状*	条带状* 片状及 片麻状* 变余构造* 皱纹状* 眼球状* 角砾状 脉状 块状 浸染状 青肠状

注: * 为主要构造。

1) 块状构造

矿石中金属矿物含量 >80%,组成无空洞和脉体的致密状集合体,矿物颗粒比较均匀。但是,对于铜镍硫化物矿石的金属矿物含量很少能达80%,故通常其金属矿物含量达50%,且当颗粒彼此相连时,则可定为块状构造。晚期岩浆在分异结晶和熔离作用时,分异或分熔出的含金属组分的熔浆,在重力作用下不断下沉聚集都可形成块状构造。

2) 浸染状构造

该构造因金属矿物含量的不同又分为稠密浸染状构造(金属矿物含量30%～80%,且无定向排列)和稀疏浸染状构造(金属矿物含量在30%以下,亦无定向排列)。由于岩浆在分异时,早结晶的少量金属矿物比重较大而不断下沉,硅酸盐矿物也相继结晶且阻碍金属矿物的汇集,使它们呈分散状态分布,因此形成此构造,见图版1。

3)斑点状和斑杂状构造

金属矿物的集合体呈近乎等轴状,粒径一般在5～10 mm,呈星散状分布于矿石中,且含量<50%者,称为斑点状构造。通常金属矿物集合体的斑点比浸染状矿石中的要大。

若金属矿物斑点大小不一、杂乱无章又不均匀地分布在脉石中时,则构成斑杂状构造。

4)海绵晶铁构造

海绵晶铁构造通过岩浆深部熔离或岩浆深部熔离再贯入形成,由于熔离作用进行得比较完善,硫化物溶液连续地充填在早结晶的橄榄石(辉石)颗粒之间。

5)条带状构造

此构造为金属矿物集合体在一个方向上且脉石矿物集合体成条带相间出现,多见于由岩浆结晶分异和岩浆熔离作用形成的金属矿物和金属组分熔体,受重力影响,在下沉过程中呈延长状聚集,分布于硅酸盐矿物中构成条带,见图版2。

6)角砾状构造

由两组不同时期形成的矿物集合体所构成,先形成的一组为角砾,后形成的一组为胶结物,它多出现在含矿岩浆的边缘部分或在晚期、熔离矿床的贯入矿体中,是由含矿熔浆沿构造裂隙侵入活动过程中,含矿熔浆胶结围岩角砾而构成的。

7)豆状构造

这是铬铁矿特有的构造。由于岩浆的熔离作用,使金属组分熔浆最初呈小滴珠状悬浮于硅酸盐熔浆中,后因重力影响滚动下沉,逐渐汇集聚成豆状,豆状表面光滑,无同心环带,在流动作用下也可由分散的金属矿物逐渐聚集成豆粒。豆粒分布无规律,有时可呈定向排列,显示出流动的特点,豆粒大者可称为瘤状。

8)脉状构造

在岩浆分异的晚期,由于挥发组分较集中,降低了结晶温度,此时富集的富含金属组分的矿浆沿矿体或围岩节理、裂隙贯入形成,或由压滤分异的结果也可构成脉状构造,一般脉壁清楚,反映了岩浆沿裂隙贯入并受其控制的特点。

2.火山岩浆矿石构造

本类构造是指与火山岩及次火山岩岩浆活动有关的火山岩浆矿床中的各类矿石构造,它包括岩浆喷溢矿石及与次火山环境下侵入的矿浆活动有关的一些矿石构造,由于矿浆中含有大量的挥发分气体,内应力较大,成矿较浅(一般0～1.5 km),因此常可形成较特殊的矿石构造。常见的有以下几类。

1)气孔状构造

矿浆内含有大量挥发组分气体,当上侵贯入或喷溢时外压力骤降,在外压力<内压力时,引起气体逸散,而形成各种形态的气孔状构造,气孔大小不一,形状不规则,可呈圆形或椭圆形,气孔若被石英、方解石、沸石等矿物充填,则形成杏仁状构造;由于矿浆中富集大量的CO_2气体,当这些气体集中向上逸散,则形成直立的气孔,大致平行排列,即为气管状构造。

2)绳状构造

当含矿岩浆喷出地表后,由于黏滞性的流动作用,可形成流纹状和绳状构造。若喷出地表的含矿熔浆经迅速冷却,则可形成珍珠状构造。

3）角砾状构造

此构造多见于火山爆发和火山喷溢的成矿过程,由矿浆喷溢或沿裂隙及破碎带贯入的胶结围岩碎块或是胶结同源岩浆早期凝结的岩屑而形成。

4）块状构造

矿浆贯入到围岩中,冷凝结晶后即形成块状构造。如安徽姑山铁矿,是由与玄武岩有关的磁铁矿矿浆贯入环形裂隙中,冷凝后所形成的富矿石呈块状构造。

5）脉状和条带状构造

矿浆沿细小的裂隙贯入即可形成脉状构造;矿浆受动力作用运移流动可形成条带状构造。如安徽姑山铁矿中的条带状构造,是由磁铁矿、磷灰石及长石等相间组成的。

(二)气水－热液矿石构造

此类构造是指多种成因的含矿气水溶液,与岩浆分异作用有关的含矿气水溶液;地表水下渗至地下深处受热后,在环流过程中汲取围岩的有用组分而形成的含矿地下渗流热液;由变质作用(含混合岩化作用)所形成的变质热液等。在有利的构造与围岩条件和一定的物理化学条件下,由于温度和压力的降低、挥发组分的逸散或溶液性质的改变等原因,使有用成矿组分沉淀成矿床,其成矿方式有充填和交代两种,但由于成矿时所处的地质环境、物理化学条件的多样性,形成的矿石构造形态十分复杂,矿物种类多。主要有自然金属:金、银、铜和铋等;金属硫化物及硫盐矿:黄铜矿、斑铜矿、辉铜矿、方铅矿、闪锌矿、磁黄铁矿、黄铁矿、毒砂、辉钼矿、辉铋矿、辉锑矿、辰矿、雌黄、雄黄、氧化物及含氧盐;磁铁矿、赤铁矿、黑钨矿、白钨矿、软锰矿、锡石以及稀土的复杂氧化物及含氧盐;碲化物:碲金银矿、碲银矿、碲金矿等。脉石矿物主要有石英、萤石、方解石、重晶石和绿泥石等。

根据成矿方式的不同,大致可分为充填矿石构造和交代矿石构造两个亚类。

1. 充填矿石构造

本类构造是指产于浅成或超浅成裂隙发育地段,成矿温度和压力较低的充填矿床中的各类矿石构造,有利于成矿物质以充填方式沉淀下来,常见的有以下几类构造。

1）脉状、交错状及网脉状构造

含矿气水溶液沿围岩或早期形成的矿体裂隙充填,形成各种脉状构造,见图版 3。脉状构造通常出现于构造裂隙较简单的地段,若由两组细脉交错穿插,则成交错构造;若由很多细脉交织成不规则网状,就构成网脉状构造。

2）对称条带状构造

当沉淀作用是从裂隙两壁向中心发生周期性的不连续沉淀,可形成平行于两壁的带状或对称条带状构造。

3）梳状构造

当矿液沿较宽的裂隙充填,但未填满,多组晶体垂直于裂隙两壁,分别向中间做对称而有规律生长,其形似梳子,称为梳状构造,见图版 4。

4）角砾状和环状构造

在浅成条件下,外部压力比较小,构造作用易使岩石或矿石破碎形成角砾,成矿溶液沿破碎带胶结的这些角砾,形成角砾状构造,见图版 5。它与岩浆矿床中角砾状构造的区别在于胶结物与角砾的成分不同,而岩浆成因的角砾状构造,其角砾与胶结物均为岩浆成分。

5）环状构造

环状构造是一种特殊的角砾状构造，它以岩石或矿石碎块为核心，围绕核心向外层层沉淀，形成同心环状构造。

6）晶洞状构造和晶簇状构造

含矿热液沿围岩或矿石的较大裂隙、空洞或角砾间的空隙充填，但空间未填满，在洞壁中间由于矿物有较好的空间因而生长出较完好的晶形，则为晶洞构造；如果晶体由洞壁向中间丛生，则形成晶簇状构造，见图版6。

7）胶状及变胶状构造

当含矿热液上升到空洞、裂隙中，由于温度、压力的突然降低，迅速达到过饱和而成为胶体状态，由凝胶沉淀则可形成胶状构造，在胶状构造的平行条带或同心圆条带上常具有的凝胶收缩状裂纹。

若胶状构造中矿物的胶体经再结晶，形成垂直于弯曲表面的针状、柱状、纤维状晶体时则为变胶状构造。

2. 交代矿石构造

本类构造是指由交代作用形成的、各种交代矿床中的构造。当含矿热液沿围岩或早期矿石的各种裂隙或孔隙流动时，在热液与围岩构成的体系内要发生交代作用，即通过组分的带出和带入来达到溶液与围岩的新的化学平衡，也就是同时进行着溶解与沉淀。交代作用的结果是，某些原有的矿物消失了，新的矿物出现了，但是原来岩石或矿石的某些特征保留不变，体积保持不变。

交代作用的产生与介质的温度、压力、化学组分的性质和浓度以及围岩的化学性质和破碎程度等有密切的关系。当温度较高，热液和围岩均具有较大的化学活泼性时，交代作用将剧烈进行，如灰岩比砂岩、页岩易于交代；当围岩的裂隙和孔隙发育时，有利于热液的流动和集中，进而促进了交代作用的进行。

由交代作用形成的构造有以下几类。

1）脉状、交错脉状和网脉状构造

热液沿围岩或早期矿石的裂隙交代时，则形成脉状构造；热液沿网状裂隙交代则呈网脉状构造，或沿交错裂隙形成交错脉状构造。

2）浸染状和斑点状构造

含矿热液沿围岩的孔隙和细微裂隙交代，由于成矿物质的含量不同，或围岩的性质以及裂隙的发育程度不同，可形成浸染状构造和斑点状构造。若沿围岩的片理、微层理和小裂隙交代，可发育成细脉浸染状构造。这类构造多发育在岩性较脆、易产生细微裂隙和孔隙度较大的一些岩石中，在矽卡岩、各类热液交代矿床及斑岩矿床中多见。

3）条带状构造

含矿热液沿围岩近于平行的裂隙、孔隙、微层理进行交代，或对化学成分有差异的岩石的互层带进行交代，均可形成由金属矿物集合体与围岩相间的条带，这些条带的连续性好，但其宽度不够稳定。

4）块状构造

当富含成矿物质的热液与围岩发生强烈的交代作用时，即可形成块状构造，此类构造在矽卡岩型矿石和各种热液交代矿石中比较发育。

5）交代残余结构

若含矿物热液沿围岩裂隙交代，其中残留有围岩或早期形成的矿石残块或有仍与围岩构造（层理）产状一致的残留体者，称为交代残余结构，该结构可作为交代矿床划分成矿阶段的标志。

气水热液形成的矿石构造是比较复杂的。交代和填充作用形成的矿石构造，并非能截然划分，往往在填充作用的过程中也有交代作用的发生，仅仅是以哪个为主而已，在结构造型上，填充和交代的构造类型有很多相似之处，但也有明显的差别，主要是：

（1）填充矿石构造主要受构造裂隙控制，而交代矿石则受岩性控制较为明显。

（2）填充矿石与围岩矿石界线清楚，而且比较平直，交代矿石与围岩界线模糊不清，边界曲折，复杂多变，交代现象很明显。

（3）填充矿石构造中，金属矿物及脉生矿物多为同源同生；交代矿石构造中的金属矿物晚于脉石矿物。

（三）风化矿石构造

此类矿石的构造类型，主要是原生矿石和岩石在地表条件下，经受机械破碎、剧烈氧化、溶解、淋滤和次生富集等而形成的各种构造，它包括风化矿石及某些金属矿床经表生变化和次生富集作用而形成的各种矿石构造。风化矿石的金属矿物常见的有：褐铁矿、软锰矿、硬锰矿、铜、铅、锌的硫酸盐和碳酸盐矿物，钴、钨、钼、锑、铋等的氧化物和含水氧化物；非金属矿物主要有石英、玉髓、高岭石等。风化作用形成的典型矿石构造有以下几种。

1. 多孔状和蜂窝状构造

原生矿石中星散分布的较小颗粒的金属矿物，经风化后使矿物发生氧化分解，其中易溶的矿物被溶解淋失，难溶和不易分解的矿物和组分残留下来，使矿石形成许多不规则的空洞，即构成多孔状构造。若淋滤作用继续进行，一部分较难溶解的矿物也会被溶解迁移，当只剩下硅酸盐或硅质骨架时，则构成蜂窝状构造，见图版7。

2. 胶状构造

在化学风化作用中形成的某些金属化合物的胶体溶液，当它沿围岩或原生矿体裂隙下渗的过程中，因某些因素的改变而不断地凝聚沉淀，会形成具有同心圆状或者多层相互平行弯曲外形的非晶质致密块状集合体。当这些胶状矿物重结晶后仍保留有胶状体特征时，便形成胶状构造。

3. 肾状及葡萄状构造

胶体溶液在足够大的空间沉淀时，由于其表面张力的影响，使胶凝体形成不规则的半球形或半椭球形表面，称为肾状构造；如果胶凝体成为较规则的圆球形集合体，球径＜1 cm者，则称为葡萄状构造，见图版8。

4. 结核状构造

当含矿胶体溶液围绕一些岩石碎屑或其他质点形成浑圆状沉淀时则形成结核状构造，大多数结核状构造呈球状体，结核状构造广泛发育在残余淋积的铁锰矿石和铝土矿矿石中。

5. 皮壳状构造

当含矿胶体溶液沿不规则的洞壁逐层沉淀，形成较宽阔的曲面或不规则的壳层时，即为皮壳状构造，见图版9。

6. 土状及粉末状构造

原生矿石或含矿围岩,经风化作用后,形成松散的粉末状或土状矿物,称为土状或粉末状构造。

7. 晶洞状和晶簇状结构

风化作用形成的各种含矿溶液沿围岩或矿石的裂隙淋滤,在较大的空洞内沉淀时,会形成由表生矿物组成的晶洞状构造。当这些矿物由洞壁向中间丛生时,即形成的晶簇状构造。

8. 角砾状构造

原生矿石或岩石碎块经风化破碎后,其碎块被表生的金属矿物(硬锰矿软锰矿、褐铁矿等)或硫化物交界形成角砾状构造,这种构造常产于残余或淋积的锰矿石中。

9. 脉状和网脉状构造

由地表化学风化作用形成的含矿溶液沿裂隙下渗,在氧化带的下部(多在淋滤亚带)、潜水面之下、原生矿物体上部进行交代而成。

(四)沉积矿石构造

本类构造主要包括机械沉淀、胶体化学和生物化学沉积以及火山沉积等作用下形成的矿床中的各种金属矿石构造。由于该类构造在成因上与沉积岩密切相关,故它同沉积岩的构造相似。沉积矿石构造中主要的金属矿物有铁、锰、铝的氧化物,碳酸盐,磷酸盐和铜、铅、锌的硫化物,此外还有自然金、稀散元素、放射性元素矿物等。本类构造按矿石的形成条件和形成作用可分为三类。

1. 机械沉积矿石构造

机械沉积作用形成的矿石呈松散状,其组成矿物主要是比重较大、化学稳定性较强的矿物,如自然金、自然铂、锡石、钛铁矿、磁铁矿、金刚石、水晶、锆英石、金红石等,主要构造类型有以下几种。

1)松散状构造

这种构造主要见于现在的矿床中,是由比重大、化学性质稳定、不易风化、不易溶解、硬度或韧性均较大的矿物所组成,这些矿物呈松散的碎屑状,未胶结和固结,主要矿物是磁铁矿、钛铁矿、自然金、自然铂、锆英石、锡石、独居石、金红石等。

2)星散状构造

此构造主要见于已固结的矿石中,金属矿物呈星散状均匀地分布于沉积岩中。

3)砾状构造

该构造多见于形成时代较老、已固结石化的砂矿床中,由围岩或早期矿石的砾石被金属矿物或围岩碎屑等所胶结而形成。

4)层状构造

该构造也多见于形成时代较老且已固结石化的砂矿床或其他沉积矿床中,其特点是矿物集合体平行层理方向分布,各单层厚度稳定。

5)条带状及透镜状构造

就其构造形态看,与其他成因类型的此类构造相似,也为矿物集合体与脉石矿物几何体在同一方向上由一条带相间产出,或不同的矿物集合体互成条带相间产出,但野外产状及矿物成分与其他类型的不同;透镜状构造的特点是中间厚且在延长方向的两端尖灭。

2. 胶体及生物化学沉积矿石构造

地表的岩石和矿石因风化作用而被破碎和分解,使铁、锰、铝等主要的成矿物质成为胶体溶液,这些胶体溶液被地表径流搬运到湖泊或海盆地,通过电解质作用发生沉淀,形成铁、锰、铝等矿石,它们具有典型的胶体沉积构造。主要有以下几类。

1) 层状及层纹状构造

在沉积作用中,由成矿物质与粉砂质、泥质等组分交互层沉积而成,以蒸发胶体溶液,被地表径流搬运到湖泊等地,通过电解质作用发生沉淀,形成铁、锰、铝等矿石。它们具有典型的胶体沉积构造,主要有以下几类:沉积矿床中多见,矿石的纹层与岩层的产状一致,有时见有交错纹层和波纹等特征,反映了浅海盆地中同生沉积的特征。矿石的单层厚度若大于0.5 mm,称为层状构造;若单面厚度小于0.5 mm,则为层纹状构造。

2) 鲕状构造

在动荡的浅海盆地,以岩屑、晶屑、砂粒或生物碎片或凝胶体质点等为核心,金属矿物质胶凝体围绕它而形成同心环状沉淀,当不断不长大且成为直径1~2 mm 状如鱼子的鲕粒时,即称鲕状构造,见图版10。若粒径在2~5 mm,则称为豆状构造。河北宣龙沉积铁矿床中的赤铁矿就具有鲕状构造,形成鲕状的矿物有赤铁矿、菱铁矿、铝土矿及硬锰矿和软锰矿等。

3) 肾状构造

以砂粒、鲕粒或化石碎屑为基底,含矿胶体溶液仍以凝胶的方式,以凸曲面朝上的半圆形同心圆状向上逐渐叠生而形成肾体,顶面多呈不规则圆形、椭圆形、直径1~2 cm,肾体间的胶结物通常是与肾体相同成分,也可以是围岩成分,此种构造形成的环境较鲕状构造者稍深。

4) 结核状构造

含矿胶体溶液围绕较大的碎屑凝聚成同心环状的球形、椭球形及不规则结核,结核的形态取决于核心物质的形状和大小。由于胶体物质的组分浓度和沉淀速度不同,结核中环带的厚度和组分也不甚均一。结核状构造的胶体成分有黄铁矿、白铁矿、菱铁矿、硬锰矿及软锰矿等,但常在锰矿床中尤其是大洋底部多见锰结核(含铁、铜、钴、镍等多金属)。

5) 胶状构造

此构造是胶体物质沉淀的典型构造,在铁、锰矿中常见,胶状物质常具凝缩裂纹。

6) 草莓状构造

草莓状构造通常是指由黄铁矿莓粒组成的草莓状几何体而言,因其形如草莓而得名,其成因多认为是生物化学作用形成的,也有人认为胶体和无机化学作用也可造成。它是典型的沉积作用形成的矿石构造,见图版11。如南京栖霞山铅锌硫矿床中发现了各种各样构造的黄铁矿,有些还保存了藻类化石细胞组织,从而认为黄铁矿的生成是同生沉积—早期形成岩阶段的产物。

7) 马尾丝状构造

这是由生物化学沉积作用形成的一种构造。如我国云南东川铜矿中的马尾丝构造,就是由矿物(以斑铜矿、辉铜矿为主,黄铜矿次之)呈不规则微粒沿叠层石(由藻席、藻丘、藻礁等生物体聚集而成)的层纹分布而成马尾丝状,次构造主要由海水中的硫酸盐以及被掩埋的藻类生物的有机质经腐烂后,被厌氧细菌还原分解而产生 H_2S,由 H_2S 与 Cu 等金属结合而成。

8）块状构造

在沉积过程中，当物质来源丰富，水流运动相对稳定且成矿物质沉积较快时，可形成块状构造，次构造主要见于铁、锰矿中。

9）叠层石构造

此种构造亦属生物化学沉积构造之一。当同生沉积时发育有大量的藻类，如藻席、藻丘、藻礁等各种形态呈叠层状被埋藏，所形成的金属硫化物保存原来叠层状藻类的遗体，叠层石则显示出多种形态的矿石的构造。

10）浸染状构造

此构造发育在含铜砂岩中，系含矿溶液交代砂岩的钙质胶结物而成，交代灰岩时也常见浸染状构造。

3. 火山沉积矿石构造

这类构造是指成矿物质与火山作用有关，成矿物质来自火山喷发的火山热液以及碎屑。它们既可呈碎屑状，也可呈胶体溶液、真溶液等，经不同程度的被搬运，在化学沉积作用下富集成矿，所以矿物构造既有碎屑沉积特点，又有化学沉积特点，常见的类型有以下几种。

1）纹层状构造

此种构造为海相火山沉积矿床中常见的矿石构造。当海底火山喷发时，大量的火山物质如熔岩流、火山碎屑物质和一些成矿物质被带入海水中，经海水搬运分选逐步沉积，一些成矿物质与碧玉和火山灰等相间呈纹层状分布。由于搬运和分选成矿都不如正常沉积矿床，矿石中纹层的成分一般无明显差别，而在数量上有一定的增减，以成矿物质为主的纹层可见到硅质和凝灰物质夹杂，以其他火山物质为主要的纹层也有成矿物质的分布，纹层与岩层的产状一致，成矿物质与火山碎屑等交互成层，反映出火山沉积的特征。

2）条带状构造

其成因与纹层状相同，由于分选程度差，矿物集合体不是呈两向延长的层状，而是呈单向延长的条带状分布。条带产状与围岩产状一致，条带成分一般较简单，由成矿物质与火山物质组成。

3）角砾状构造

火山喷出的一些角砾与碎屑混杂，这些角砾呈菱角状、大小相差悬殊，其成分既可是金属矿物集合体，也可是火山物质，这些金属矿物集合体也可为胶结状，这些物质经搬运后沉积，形成了角砾状构造。

4）团块状构造

团块状构造是火山喷发出的物质在同生沉积阶段，由于水体流动使成矿物质聚集成的团块，略呈定向分布。新疆式可布台海相火山沉积铁矿石中见有细粒赤铁矿组成的杏仁团块沿凝灰岩层分布，周围显示流动痕迹。

5）鲕状构造

鲕状构造多由碧玉、凝灰质和成矿物质组成。

（五）变质矿石构造

这类矿石构造是在原生岩石和矿石的基础上经受区域变质、动力变质或热力变质作用而形成的。其特点是因温度和压力作用改造而形成，故通常与区域、动力及接触变质岩中的

岩石构造特点相似,例如原生的沉积矿石,经过变质作用后,在矿石的产出特征、物质成分和结构构造等方面,都不同程度地反映出原来沉积矿床的某些特征。变质作用中由于高温高压使得含水的原岩和矿石脱水而变成不含水的矿物,如褐铁矿和铁的氢氧化物变为赤铁矿或磁铁矿;在变质过程中,由于高温高压可使矿物集合体由原来的隐晶质变为晶质,由细粒变为粗粒,使岩石或矿石的结构构造发生变化或发生交代作用,使矿物成分也发生改变。本类构造组成的矿物主要有铁、钛、锰等氧化物,铁、铜、铅、锌等硫化物和自然金,以及石英、方解石和硅酸盐类矿物等。主要构造类型如下。

1. 皱纹状构造

皱纹状构造是原有的条带状或纹层状构造的矿石在变质过程中,由于受动力作用的影响发生挤压变形而形成复杂的褶皱。各种沉积矿石经区域变质作用后褶皱状构造比较发育。

2. 条带状构造

在变质作用中,由于温度和压力的影响,使一些矿物集合体拉长或呈延长状相间排列构成条带状构造,条带宽度略有变化,延长不大,条带间无溶蚀现象。条带内矿物颗粒多呈定向排列,常有弯曲现象。如甘肃金川的铜镍硫化物矿床中的金属硫化物集合体受到应力作用后大致呈一定方向排列成条带,此构造主要分布在海绵晶铁状矿石中,条带宽度不均匀,并有弯曲现象。

3. 片状和片麻状构造

在区域变质作用下,片状和片柱状、针状矿物成定向排列面形成片理,并与围岩片理产状一致,形成片状或片麻状构造,见图版12。如山东烟台磁铁矿矿石中,石英与磁铁矿呈片状构造;在变质铁矿中也常见到金属矿物集合体成定向排列在矿石中,与脉石矿物成相间断续分布构成片麻状构造的现象。在甘肃金川铜镍硫化物矿床的成矿过程中,由于矿体受应力作用,金属硫化物集合体断续地定向分布于粒状的橄榄石等造岩矿物中而构成似片麻状构造。

4. 角砾状构造

一些脆性的围岩和矿石,在变质作用中易被破碎成角砾,被塑性的成矿物质胶结而成,角砾可见有小褶皱,说明围岩受强烈褶皱的地段易于破碎,同时由于揉搓和溶蚀作用使角砾近于浑圆状。

5. 变余构造

变质矿石中仍残留有变质前的构造特征者称为变余构造,研究此构造,对查明矿石的成因具有极重要的意义。

6. 香肠状和鳞片状构造

由于强烈的挤压,或是由于条带状的矿物集合体在其物理性质上的差异,塑性的硫化物常被挤压成相连的小透镜体即为香肠状构造,如若这些小透镜体在受强烈的挤压时不再相连,而是断续成定向分布,形似鱼鳞,即为呈鳞片状构造。

除以上几种类型外,变质矿石中常见的还有块状构造、浸染状构造、眼球状构造等。

三、确定矿石构造成因类型的主要标志

在自然界中不同成因的矿石构造常具有相似或相同的形态特征,如块状构造、浸染状构

造、条带状构造等,几乎在各种成因的形成作用中都可形成。如何区别不同成因的矿石构造,对分析研究矿床成因有重要意义。一般来说,正确地确定矿石构造成因的主要标志有以下几种。

(一)必须交接矿石组合特点

不同成因的矿石构造,其组成矿物往往也不相同。如脉状、交错脉状和网脉状构造,它可以由热液交代作用或热液充填作用、风化作用、岩浆贯入作用、沉积后作用等形成。但是在组合上却不尽相同:热液交代或热液充填作用形成的矿物组合是金属氧化物-硫化物、硫化物、氧化物。由风化等形成的矿物组合则是硫化物-表生氧化物、氢氧化物和含氧盐或是硫化物、围岩-硫化物或氧化物。如有甲、乙两种豆状构造的矿石,甲种主要由磁铁矿、镍黄铁矿、黄铜矿和微量砷铂以矿物组成豆状集合体存在于辉长岩中,具结状和海绵陨铁结构;乙种主要由隐晶质赤铁矿组成,其中含有玉髓、石英砂屑和水云母,具砂状,隐晶结构。显然,甲种属岩浆熔离作用形成的,而乙种属胶体沉积作用形成的。

(二)应注意区别矿物集合体的特点及其接触关系

不同成因的矿石构造,其矿物集合体的特点和集合休间的接触关系也有一定差异。如岩浆分异作用形成的集合体多为晶质的,一般无溶蚀接触边缘,并与母溶成分相同;由火山沉积作用形成的矿物集合体多为碎屑状或胶状的,并与火山物质共生,其特点各不相同;又如热液交代矿石的矿物集合体之间多呈溶蚀交代接触,而热液充填矿石的一般较平整规则;还如岩浆分异和沉积作用而成的矿物集合体间很少有脉状穿插和交代关系,而各种热液成因的矿物集合体间常具明显的穿插和交代关系。

(三)要结合矿床地质特征及矿石产出特征

在对矿石构造的成因进行分析时,要结合矿石的空间产状、分布特点,并考虑矿床地质。如风化矿石产于地表或近地表的风化带,因而风化矿石构造常发育在构造裂隙和空洞以及各种矿床的铁帽中;而沉积矿石则产于各类沉积系中,层状矿体规模大而稳定,并广泛发育有纹层状构造和鲕状构造等,同时纹层与岩层和矿层的产状基本一致。由于矿床在形成过程中往往不是由单一的成矿作用而致,更多的矿床都经过多期、多阶段成矿作用的演化,因此在矿石的构造上也有反映,要联系各矿体之间的空间产状和时间关系来区别不同成因类型的矿石构造。

(四)查明主要造矿矿物的成因标型特征

矿物集合体特点相似的一些矿石构造,不易确定其成因,在有条件的情况下,可查明主要造矿矿物的某些标型特征,帮助查明矿床成因,其标型特征包括矿物成分的含量、反射率、包裹体的爆裂温度等。

上述各点是相互关联的,只有综合分析,才能对矿石的构造成因类型做出正确判断。

■ 第三节　矿石的结构

一,矿石结构的成因分类

矿石的结构是指矿物结晶颗粒的形状、相对大小和空间上的分布关系,即矿物结晶颗粒的形态特征。组成矿石结构的基本单位是矿物结晶颗粒,因此决定矿石结构类型的主要因

素是矿物晶体化学性质和形成过程中的物理化学条件,因为在不同的物理化学条件下,即使同种矿物,也可以形成截然不同的矿石结构。按矿石结构的形成条件,可将它分为下列七类(见表12-2)。

二、各主要成因类型的矿石结构特点

(一)熔体和溶液中的结晶结构

本类结构是指熔体和多种成因溶液及地表冷水溶液中结晶而成的各种矿石结构。在以岩浆矿石和充填作用为主的各类热液矿石中分布比较广泛。此外,在矽卡岩型和某些热液交代矿石以及部分风化矿石等的孔洞或裂隙中也有这类结构。本类结构组成矿物比较复杂,主要金属矿物有氧化物:磁铁矿、钛铁矿、铬铁矿、赤铁矿和锡石等,硫化物有黄铜矿、磁黄铁矿、镍黄铁矿、黄铁矿、方铅矿、闪锌矿、辉钼矿、辉锑矿、辰砂和毒砂以及铂族矿物,自然金属和某些含氧盐矿物(如黑钨矿)及表生矿物等。常见的非金属矿物有石英、方解石、萤石、重晶石以及长石、辉石、橄榄石等。

表 12-2　主要矿石结构成因分类表

形态类型	熔体和溶液的结晶结构		固溶体分离结构	胶体和结晶物质重结晶结构	分解结构	沉积结构	受压力形成的结构
	结晶结构	交代结构					
主要形态类型	自形晶粒状* 半自形晶粒状* 他形晶粒状* 海绵陨铁结构* 包含结构 共结边结构 胶状结构 隐晶结构 斑状结构	半自形粒状 他形粒状 反应边结构 文象结构* 交代残余结构 交代骸晶结构* 假象结构* 格状、网状结构* 乳浊状结构* 浸蚀结构*	乳滴状结构* 文象结构 叶片状结构* 结状结构* 格状结构 火焰状结构 粒状结构* 星状结构*	自形变晶结构* 花岗变晶结构* 斑状变晶结构* 包含状变晶结构 放射状变晶结构* 球状结构	鸟眼状结构* 细脉状结构 同环带结构* 条纹状结构 假像结构	碎屑结构* 胶结结构* 草莓球粒结构* 生物结构* 凝灰结构	花岗压碎结构* 斑状压碎结构* 揉皱结构* 花岗变晶结构* 斑状变晶结构* 鳞片变晶结构* 变余砂状结构*

注:有 * 者为主要结构。

根据矿石结构的成因及其结构特点,进一步分为结晶结构和交代结构两个亚类。

1. 结晶结构

矿物在结晶过程中,影响其结晶结构形态的因素很多,主要有以下几个方面。

1) 结晶能力

所谓的结晶能力就是在单位时间内产生的结晶中心愈多,结晶出来的矿物集合体的颗粒就愈小,反之则愈大,因此结晶能力是影响矿物颗粒大小的主要因素。当熔体和溶液处于微过冷却和过饱和时,矿物结晶能力弱,产生结晶中心数量少,有足够的自由空间生长,易形成较大的晶体；若强烈过冷却和过饱和，会形成隐晶质或胶体物质。

2）结晶速度

结晶速度指晶体的生长速度。若晶体的结晶速度愈大，晶体的生长愈快，其晶体形状不完整。相反，若结晶速度小，则易形成完整的晶形。若晶体的各个方向结晶速度都一样，会产生三向等长（等轴形）的晶粒；若结晶速度有方向性，则会形成板状或针状晶体。

3）结晶生长力

结晶生长力即结晶颗粒在缺少足够的自由空间条件下生长自己晶体外形的能力。结晶生长力强的矿物易于形成自形晶体，如毒砂、黄铁矿等；而结晶生长力较弱的矿物，不易于形成较完好的晶形，如黄铜矿、磁黄铁矿等，通常形成的都是他形晶。

矿物的结晶能力、结晶速度等受熔体、溶液的物理化学条件（温度、压力、浓度等）的直接影响。

温度是矿物结晶颗粒晶出的重要因素之一。各种矿物是在随着温度下降使熔体或溶液发生过冷却过程中的熔体达到熔点时或溶液随温度下降达到饱和点的条件下，按一定的结晶顺序晶出的。温度的变化能使熔体和溶液的组分浓度发生变化，影响矿物的晶出，当含矿溶液温度下降时，可使溶解的气体发生电离，如 H_2S 的电离导致硫离子浓度增高，有利于硫化物从溶液中结晶。压力对矿物结晶的影响比温度要小，当压力高时通常结晶速度较缓慢，外压力降低，挥发组分易从溶液中溢出，破坏溶液的化学平衡，可使某些矿物迅速沉淀，当外压力增大时，由于挥发组分的溶解，可降低熔体的黏稠度，活动性增大，有利于粗大晶体的形成，在单向压力下，可使生长方向性及明显的晶体成定向排列。

从熔体和溶液结晶出来的结构类型有以下几种：

（1）自形晶粒状结构。结晶作用早期，温度逐步缓慢下降，熔体和溶液过冷却或过饱和程度不大，矿物的结晶中心少，结晶速度缓慢，易于发育成晶形完整的自形颗粒状结构，见图版13，如铬铁矿、磁铁矿的自形结构。在一些充填矿脉及交代矿体的裂隙或在近地表的冷溶液淋滤的孔洞中，因晶体发育不受空间限制，或溶液浓度低，结晶速度慢，晶体生长时间充裕，都有利于形成自形粒状结构。

（2）他形晶粒状结构。结晶作用的晚期，熔体和溶液过冷却或过饱和强烈，矿物的结构中心多，矿物颗粒相互争夺自由空间，不利于晶体发育，或由于矿物的结晶生长力较弱，均可形成他形粒状结构，见图版14。对于结晶晚的矿物，由于无足够的空间生长，只能充填在早期矿物颗粒的间隙，亦可形成他形晶粒状结构，海绵陨铁结构是他形晶结构的一种，见图版15。

（3）半自形粒状结构。熔体或溶液随着温度逐步降低，过冷却或过饱和程度较大，早形成的矿物已占据一定的自由空间，晚形成的矿物或结晶生长力不强的矿物，它们的晶体发育受到限制；或结晶速度不均匀，不易于发育成完整的晶形，可形成半自形晶结构。

（4）斑状结构。这种结构的特点是粒度较粗大，晶形较完好的斑晶分布在较细小颗粒矿物组成的基质中。斑晶常为结晶生长力较强的矿物，结晶较早，细粒基质形成较晚，此构造主要见于气水热液矿石中，斑晶常略有溶蚀。

（5）包含结构。在一种粗大晶体的矿物中，包含有同种或另一种细小晶体的矿物，为包含结构。它是由于熔体或溶液急剧过冷却或过饱和时，结晶中心增多，结晶速度较小，易于形成细粒的自形晶体，后来由于温度下降缓慢，迅速增长的大晶体捕获早期的晶体而成的包

含结构。

(6)共结边结构。反映出矿物是近于同时结晶的,颗粒界面毗连平整呈舒缓波状。

2. 交代结构

本类结构是指溶液在长期成矿过程中由交代作用形成的各种结构。这种结构主要发育表现在各种气水溶液交代矿石中,以及风化矿石和受次生变化的金属硫化物矿石中。交代作用表现为旧矿物的溶解和新矿物的形成是在同时进行的,交代作用遵循等体积定律,在交代过程中,保持体积不变,这类结构和矿物组成复杂,主要有自然金属、金属氧化物、硒化物和碲化物、硫盐矿物、硫酸盐和碳酸盐以及硅酸盐矿物等。按交代溶蚀的程度及形态特征又可分为以下几种类型。

1)半自形粒状结构

当交代作用不甚强烈时,早形成的矿物被溶蚀交代后,尚保留有部分晶面,可形成半自形粒状结构。结晶生长力较弱的矿物交代后易形成此种结构。常见的有毒砂、黄铁矿、磁铁矿等呈半自形粒状结构。

2)他形粒状结构

交代作用比较强烈,早期矿物被溶蚀交代成为形态规则的他形粒状,或者晚形成的交代矿物本身即为他形晶。

3)浸蚀结构

后生成的矿物沿早生成的矿物的边缘、解理、裂隙等部位进行较轻度的交代而成,见图版16。晶边经常凹陷,边缘不平坦,多呈锯齿状、港湾状和星状等,其特点是交代矿物常呈尖楔状侵入被交代矿物中,或交代矿物呈星状出现在被交代矿物中。

4)文象结构

交代作用不断发展,矿液沿着早期矿物颗粒间隙流入,溶蚀交代作用比较强烈,使早期矿物颗粒呈蠕虫状即称文象结构,见图版17。

5)骸晶结构

早晶出的具有较完整晶形轮廓的矿物,被后生成的矿物从晶体内部向边部进行溶蚀交代,无论交代程度如何,只要保存被交代晶形残骸外形者,均称骸晶结构,见图版18。

6)残余结构

矿液沿早期矿物的解理、裂隙或其他晶粒内部结构强烈交代,大部分颗粒已被全部交代,仅有部分残余体保存在交代矿物中,根据残余体可以恢复原来矿物颗粒的大致轮廓,或者矿液沿矿物颗粒中交错密集的裂隙强烈地溶蚀交代,使残余体成为浑圆的孤岛状。

7)乳浊状结构

矿液沿着早期矿物颗粒的短小而断续的解理或裂隙溶蚀交代,交代作用不甚强烈,交代矿物呈锯齿形的滴状,分布于被交代矿物中则称为乳浊状结构。

8)反应边结构

指早期矿物颗粒受矿液交代,交代矿物能继承被交代矿物的组分而形成包围被交代矿物的环边,即构成反应边结构,见图版19。

9)假象结构

矿液沿早期矿物颗粒的边缘、裂隙、解理、双晶和环带等薄弱部位交代,交代作用进行得比较彻底,原来的矿物颗粒全部或大部分被交代矿物所代替,但保存矿物原来的形态及晶粒内部结构特点,即为假象结构,见图版20。

10)格状和网状结构

矿液沿着早期矿物颗粒的几组相交解理进行交代,交代矿物沿着解理分布面形成各种格状结构;当矿液沿着矿物颗粒的网状裂隙,特别是脆性矿物的裂隙渗入交代时,常形成网格状构造。

(二)固液体分离结构

固液体是指在固态条件下,由于温度和压力较高,由离子(原子)半径、晶格类型、键性等相同或相似的两种或两种以上的元素或化合物共同组成的均匀晶体。其中含量较高的组分可看成是固态溶剂,其他组分则作为溶质,这些溶质均匀地溶解在固体溶剂的晶格中,从而构成单一的均匀的固体溶液称为固溶体。在温度较高时形成固溶体,随着温度、压力的下降会变得不稳定。当温度逐渐降低时,均一的固溶体中的不同的溶质组分就会发生分离(出溶),而形成两种或两种以上的矿物相,这种现象就叫作固溶体分离作用或出溶作用,固溶体分离时的温度叫"共析点",分离形成的结构称固溶体分离(出溶)结构。固溶体中含量较多的溶剂组分经分解后形成的矿物称为主晶或主矿物,含量较少的溶质组分称为客晶或客矿物,由熔体或溶液冷却形成具有固溶体分离结构的矿石,其形成过程可分为下列三个阶段:

(1)温度高于实际结晶温度或溶液未达到过饱和时,为均匀的熔体或溶液。

(2)温度在实际结晶温度至共析点之间时,则结晶成均匀的固溶体。

(3)温度降低至共析点以下时,固溶体分离,形成两种或两种以上的矿物相。

成矿作用中形成的固溶体矿物,随着介质的物理化学条件的变化可发生分解而形成多种结构,在熔浆和各种气水热液矿石中固溶体分离结构比较发育,自然金属、硫化物、硫盐矿物等均能形成各种固溶体矿物,较常见的固溶体矿物见表12-3。

表12-3　固溶体矿物表

矿物类	矿物及部分矿物的分离温度(℃)
自然金属元素	金-银;金-铜;银-铜;砷-锑;铜-砷;金-铋;铋-碲;银-锑;铁-镍
氧化物类	锡石-钽铁矿*;铬铁矿-赤铁矿;刚玉-赤铁矿;赤铁矿-金红石*;赤铁矿-钛铁矿*;赤铁矿-钛铁矿-金红石;钛铁矿-红钛锰矿;磁锰矿-黑锰矿;磁铁矿-赤铁矿;磁铁矿-红钛锰矿;磁铁矿-钛铁矿*;磁铁矿-金红石;赤铁矿-尖晶石;方锰矿-红锌矿;钽铁矿-铌铁矿*;钽铁矿-金红石;钽铁矿-钛铁矿
硫化物及含硫盐物类	斑铜矿-辉铜矿*(175~225);斑铜矿-黄铜矿*(225·475);斑铜矿-黝铜矿(275),辉铜矿-铜蓝(75);辉铜矿-硫铜银矿(300);黄铜矿-方黄铜矿(450);黄铜矿(600)-磁黄铁矿*(300);黄铜矿-黝铜矿(500?);方铅矿-辉银矿;方铅矿-硫银铋矿*(210~350);磁黄铁矿-辉铜铁矿(350~500);黄铜矿-辉铜铁矿(225~450);磁黄铁矿-镍黄铁矿(425~450);闪锌矿(300~400)-黄铜矿*(500);黄锡矿-黄铜矿(500);银-锑银矿(275~350)

注:主矿物在前,*号表示可互为主矿物,?号表示不确定。

固溶体分离结构有以下几种类型。

1. 乳滴(浊)状结构

乳滴(浊)状结构也叫乳浊状结构,成矿过程中,当介质的温度迅速下降达到共析点时,固溶体便急剧发生分解,由于分解不够完全,所分出的客晶呈分散状态尚未聚集,温度仍继续下降,这些客晶即停留在原来分出的部位,成为散乱的滴状,分布在主晶中,即成为乳滴状结构,见图版21。当客晶沿主晶的解理面分离或客晶分出后,温度保持一段稳定状态,可使部分乳滴沿着主晶解理等薄弱部位集聚成为有规律排列的定向乳浊状结构,客晶边缘比较平滑,与交代乳浊状的锯齿边缘不同。乳浊状结构还广泛发育在气水热液矿石中,多金属矿石中,以及闪锌矿–黄铜矿组成的乳浊状的矿石结构最常见。

2. 叶片状结构

固溶体分解时成矿介质的温度缓慢下降,沿主矿物的解理、裂理或双晶结合面等方向分离出的细小客晶集聚成单向延长的纺锤状或板状叶片,即构成叶片状结构,见图版22。

3. 格状构造

固溶体分解过程中,温度缓慢下降,且达到共析点温度后持续时间较长,分解出客晶呈板状和叶片状沿主晶矿物颗粒的几组解理或裂开呈现规则的格状分布构成格状结构,见图版23。

4. 结状结构

固溶体分离时温度下降极为缓慢,使分出的客晶集合体呈不规则的弯曲细脉,环绕主矿物的结晶颗粒边缘形成结状(网状)。这种结构是固溶体矿物生成时温度很高,温度下降又极慢,固溶体分离的较彻底时形成的结构。

5. 星状结构

与结状结构的形成环境类似,客晶已从主晶中分出,沿主晶颗粒间隙分布可呈星状结构,有时客晶沿主晶的解理或裂隙的交叉部位分布亦可呈星形或十字形的星状结构。此结构在矽卡岩型铁矿床中多见。

6. 文象结构

这种结构比较少见,其客晶呈蠕虫状分布,与交代形成的文象结构的区别是客晶与主晶接触边界平滑。

除以上几种类型外,尚有火焰状结构、雪花状构造、树枝状构造、波浪状构造等固溶体分离结构,固溶体分离结构与交代结构有许多相似的形态,其区别标志如下:

(1)凡是组成固溶体分离的矿物,都是能形成固溶体者。

(2)由固溶体分离形成的矿物,其接触界线平滑,乳滴状或叶片状客晶一般是单晶颗粒;而交代成因的,其接触界线多呈锯齿状等不规则边界。

(3)固溶体分离形成的矿物,在交叉部位宽度未增大,且常呈收缩甚至尖灭现象;但交代成因者,与此相反,在交叉处膨大。

固溶体分离结构在岩浆矿石和各种气水热液矿石中较多见,变质矿石中也有,其主要金属矿物是自然金属、氧化物、硫化物以及硫盐矿物。

(三)分解结构

分解结构是指在内生成矿作用过程中,某金属矿物结晶形成后,由于残余溶液内氧逸度和硫逸度发生改变(还原环境转变为氧化环境,或相反)而引起矿物发生分解,原矿物组分基本上会重新组合形成两种或两种以上新矿物的连晶。这种分解作用形成的各种形态的连晶结构统称为分解结构。

分解作用是由氧逸度和硫逸度的变化引起的,当硫化物分解时,常在新形成的矿物中有氧化物,而在氧化物分解时,新矿物中有硫化物。分解作用形成的结构特点是:分解形成的新矿物晶粒比周围同种矿物晶粒通常要细而均匀,同时还继承分解矿物的解理和晶形,但形成的新矿物始终不超越分解矿物所占据的范围,以此可与交代作用所成的类似结构相区别。分解作用一般都是从矿物颗粒的边部向中心逐渐扩展,分解作用下形成的结构主要有以下两种。

1. 鸟眼状结构

已形成的氧化物或硫化物等在氧逸度或硫逸度增高时的成矿介质中会变得不稳定,发生分解,分解出新矿物围绕原矿物颗粒的边缘形成一个环边,其形态像鸟眼,故称其为鸟眼状结构,如磁黄铁矿会在氧逸度增高时的介质中发生分解,形成黄铁矿和白铁矿,黄铁矿和白铁矿围绕磁黄铁矿颗粒边缘形成一个环边,构成鸟眼状结构。

2. 条纹状结构

随着氧逸度或硫逸度的继续增高,被分解矿物仍在分解,分解出来的新矿物沿被分解矿物的解理或裂理分布而形成条纹状构造。

除以上两种结构外,尚有细脉状结构、同心环带状结构以及假象结构等。例如黄锡矿随氧逸度的增高而不稳定分解成锡石和黝铜矿,分解产物沿黄锡矿的裂隙呈细脉状分布,且始终不超越黄锡矿所占据的位置;钛铁矿分解成赤铁矿和金红石,分解产物取代钛铁矿的晶形而形成假象;又如当硫逸度增高时,黝铜矿分解成晶形完好的毒砂和细粒黄铜矿以及少量细粒的闪锌矿等。

金属矿物中常见的分解连晶有:硫锡铅矿分解成锡石和方铅矿;黄锡矿分解成黄铜矿和锡石;方黄铜矿分解成黄铜矿、磁铁矿和磁黄铁矿;方黄铜矿分解成黄铜矿、磁铁矿和黄铁矿;镍黄铁矿分解成针硫镍矿和含镍黄铁矿;钛铁矿分解成磁铁矿、金红石和少量含赤铁矿;钛铁矿分解成赤铁矿和板钛矿。

(四)胶体和结晶物质的重晶结构

本类结构指在内生条件下形成的胶体和较细颗粒的结晶物质,经过重(再)结晶作用而形成的包括各种热液矿石和表生风化矿石中的结构。本类矿石结构在低温浅成充填作用为主的热液矿石及氧化带的矿石中比较发育。当含热液在一些构造带运移活动,介质的温度与压力急剧降低时,其中的水分和挥发性气体极易逸散,可引起溶液强烈的过饱和,从而促进矿液中某些组分能转换为胶体,以及在表生条件下形成的胶体溶液,它们一般不稳定,容易凝聚成黏度较大的凝胶,这些凝胶经沉淀后由于重结晶作用可形成各种形态的结构,胶体重结晶作用主要受以下因素影响:

(1)压力增高可促进胶体物质结晶。例如,一些沉积矿床或沉积岩受静压力或动力作用后,某些胶体物质会重结晶,在地表或近地表浅出,矿石中常保存胶状沉淀物的残余,而在深部由于重结晶作用强烈,很少保存凝胶沉淀的残余。

(2)温度缓慢下降有利于重结晶作用的发生。胶体质点能充分聚集,重结晶作用比较完全。

(3)作用的时间愈长胶体重结晶作用就进行得愈充分。

(4)矿物本身的性质特别是结晶生长力对促进胶体重结晶有一定的作用。

在上述主要因素的综合影响下,成矿过程中凝胶物随温度压力的变化和时间的增长不断地脱水、凝缩、压实而重结晶。在凝胶原来沉淀的部位,其内部质点进行缓慢的调整,由杂乱排列的分散相逐步趋向于形成有规律的排列,并归为细粒,再凝聚成具有统一结晶构造的粗大晶体,通过这种凝合作用使胶体物质重结晶。重结晶作用形成的矿物颗粒称为变晶。

本类结构中常见的金属矿物有黄铁矿、白铁矿、方铅矿、黑钨矿、锡石、磁铁矿、赤铁矿、菱铁矿、孔雀石、蓝铜矿等。

结晶物质和胶凝物质重结晶结构有以下几种类型。

1. 自形－半自形变晶结构

当温度缓慢下降,有充分的时间使凝胶粒子进行有规律的排列时,当凝胶重结晶作用较完全,则形成晶面完整的自形变晶;当重结晶作用的程度不强,仅部分晶面发育完好时,可形成半自形变晶。此类结构在热液矿床及表生氧化带的矿石中常见到。

2. 不等粒变晶结构和斑状变晶结构

当原来凝胶沉淀物的聚集量不同,或由于重结晶过程中聚合结晶作用不均匀时,可形成粒径差较悬殊的不等粒变晶结构,其中细粒变晶较分散,分布无固定规律。当细粒变晶量多又密集成致密的基质时,粗粒变晶呈斑晶分布其中,即构成斑状变晶结构。甘肃厂坝铅锌矿石经过后期变质作用,石英－方解石小团块中的方铅矿、闪锌矿具有变斑晶结构。

3. 花岗变晶结构

一些凝胶沉淀物由于原来的聚集量比较均一或集合结晶作用速度均匀,可形成粒度比较相近的花岗变晶结构。白铁矿或黄铁矿的花岗变晶结构较为常见,在花岗变晶结构中常保留同心环带和干裂纹等胶状产物的特征。

4. 包含变晶结构

重结晶作用中,胶体物质趋于表面积缩小,使形成的细粒变晶与周围胶体介质间产生一定的空隙,同时由于凝胶的聚合结晶作用,某些颗粒能形成一些粗大晶体,将细粒变晶包含其中,则形成包含变晶结构。

5. 放射状结构和球颗状变晶结构

凝胶物质经再结晶作用,纤长的针状晶体由中心向外放射状排列,构成放射状变晶结构。由放射状的雏晶组成圆球形的外缘者称为放射球颗状变晶结构,这类结构系凝胶物质再结晶时,雏晶互相挤靠得很近,只能由球心向外生长,而形成的放射状和放射球颗状结构。常见的放射状结构和球颗状变晶结构的矿物有黄铁矿、白铁矿、铅锌矿、雌黄、针铁矿、硬锰矿、孔雀石、菱锌矿、黄钾铁矾和锑华等。这类结构在内生和外生条件下均可形成。

识别本类结构的标志为:

(1)重结晶而成的变晶内,可见有原胶状同心环带残余、干裂纹、小空洞等现象。

(2)重结晶变晶颗粒大小不等,自形程度不一,但变晶颗粒紧密镶嵌,且无溶蚀现象。

(3)重结晶结构中以各种变晶结构为主,以放射状变晶结构为特征。

(五)沉积结构

本类结构是指在常温常压下于盆地的沉积成矿作用中,由胶体化学及生物化学沉积,胶体物质重结晶和溶液交代作用及胶结作用等多种方式形成的沉积矿石的各种结构。具有沉积结构的矿石其组成矿物有铁、锰、铝的氧化物和氢氧化物,铁、铜、铅、锌、钴、镍等硫化物以及碳酸盐和硅酸盐矿物等。本类结构主要是由矿物碎屑或生物碎屑或生物遗体等在地表水中经沉积作用所形成的结构,主要有以下几类。

1. 碎屑结构

碎屑结构指金属矿物呈机械碎屑状态存在。按碎屑的粒度大小可分为砾状、砂状和泥状构造。福建马坑铁矿石中有由极细的磁铁矿碎屑和脉石矿物构成的碎屑结构,由于碎屑是火山物质,颗粒较细,往往也称凝灰结构。

2. 胶结结构

胶结结构指金属矿物呈胶结状态出现,被胶结者多为石英灯脉石矿物晶粒的碎屑。这种结构在层状矿床中较为发育,如沉积赤铁矿中,可见由赤铁矿胶结石英等碎屑所构成的胶结结构。

(六)生物结构

生物结构指生物个体全身所形成的结构,如木质细胞结构、有孔虫结构、叠层石结构及细菌结构。生物结构是由生物化学作用形成的各种硫化物交代生物遗体,保存了原生物遗体的形态而形成的。像黄铁矿就可以形成箭石结构、木质细胞结构等。

草莓粒状结构。一般认为是生物化学作用形成的结构,或者是由铁细菌与 H_2S 反应形成的莓粒结构,莓粒的粒径多在 $4 \sim 20\ \mu m$,有的则在 $100\ \mu m$ 左右,莓粒内部经重结晶后多呈立方体或五角十二面体的黄铁矿晶粒($1\ \mu m$ 左右)。它们在层状硫化物矿石中较为发育,因此多被认为是沉积矿石的"标题"组构。在一些层状铜矿床中,也可见有黄铜矿和辉铜矿的莓群,一般认为是交代黄铁矿莓粒而成。

自形 - 半自形变晶结构。沉积作用形成的凝胶沉淀物,在成岩或后生阶段由于埋藏深度增加,地质年代古老,在长期的压力作用下可形成各种胶体重结晶结构。

(七)受压力作用形成的结构

本类结构包括由区域变质、动力变质和热力变质等作用下使矿物产生破碎变形和经重结晶作用而形成的结构,以及受构造活动使矿物破碎和变形所形成的结构。本类结构分布较广泛,在区域变质和动力变质矿石中为多。对其他成因形成的矿石在受到构造活动等动力作用时,亦可产生本类结构。

矿石受动力和其他作用后,产生机械变形而形成压力结构。变形的程度取决于压力的大小及矿物的特征,而动力作用的强度和持续时间的长短,也是很重要的因素。矿物的特性,主要指它的物理性质,如脆性和可塑性、矿物的粒度、相对含量以及矿物颗粒的空间分布等。脆性矿物含量分布较多且颗粒粗大易于破碎,但脆性矿物的个别颗粒的空间嵌在软矿物的集合体中则不易破碎。

在变质过程中常伴有重结晶作用,其结果是可以产生新的矿物,也可以是原矿物的新颗粒。如辉锑矿受动力变质作用,由于重结晶可在原来粗粒的部位形成消光方位不同的细粒辉锑矿。重结晶作用受温度的影响较明显,温度升高,有利于重结晶作用的发生。如在侵入体的高温作用下,由热力变质,在接触带附近的矿石易于重结晶,矿物成分发生变化,赤铁矿、菱铁矿能变成磁铁矿。又如在深变质带由于温度高、压力大,重结晶作用强烈且较为普遍,矿物成分也常发生变化,像氢氧化锰脱水后重结晶会变成软锰矿。

形成本类结构的矿物比较复杂,氧化物、氢氧化物、硫化物、硫盐以及碳酸盐等都可以形成变质结构。本类结构主要有以下形态。

1. 花岗压碎结构

矿石受变质作用或动力作用后,脆性矿物产生裂缝或颗粒的小位移及带有许多尖角的碎块,碎块大小大致相等则称为花岗压碎结构。塑性矿物则在裂缝中成胶结物。花岗压碎结构,能反映出原矿物颗粒粒度大小相近、周围矿物的物理性质相似以及受力均匀等特点。如黄铁矿、毒砂、黑钨矿、铬铁矿等都易产生压碎结构。

2. 斑状压碎结构

矿石受动力作用或变质作用后,被压碎的矿物晶屑大小相差悬殊,在细小的晶屑碎块中有粗大的晶屑碎块,构成类似斑状结构者,称为斑状压碎结构。

3. 揉皱结构

矿石受动力作用后,使一些塑性矿物产生塑性形变,颗粒拉长或扭曲、解理、弯曲成微型褶曲以及矿物的多晶变形等,所形成的这些结构都称为揉皱结构。

4. 定向变晶结构

在区域变质和动力变质过程中,矿物在定向压力作用下,由重结晶作用形成变晶拉长状并呈定向排列的结构称为定向变晶结构。拉长的变晶,并沿此方向产生压力双晶。

本类结构所具有的主要特点如下:

(1)重结晶作用形成的变晶颗粒多具双晶,可显波状消光,常被拉长、弯曲、错断或具定向排列。变晶常与周围矿物压碎、揉皱变形以及围岩和矿体的片理化、角砾化等相伴生,变晶颗粒同时生成。

(2)以各种压碎形态、揉皱的结构及各种变晶结构为主。

三、确定矿石结构成因的主要标志

不同成因的矿石结构常具有相同或相似的形态特征,如交代形成的格状结构和固溶体分离形成的格状结构;自形粒状结构有岩浆结晶的和热液交代成因的等。因此,区别和确定矿石结构的成因,对认识矿石的成因及其变化特点具有重要意义。分析和判断矿石结构成因类型的主要标志有以下几个方面。

(一)结合矿石的矿物共生组合特点

不同成因的矿石结构其组成矿物亦多不相同。如蛇纹石化橄榄岩中铬铁矿呈自形粒状结构为熔浆结晶的,而热液交代型矿石中的毒砂、黄铁矿、磁铁矿等也能形成自形晶结构。又如固溶体分解结构中常见的格状结构,像钛铁矿呈延长的板状,沿磁铁矿八面体裂开分布以及磁铁矿在方黄铜矿中形成格状;而在交代作用中也能形成格状构造,如铜蓝沿方铅矿解理形成的格状就不是固溶体分解的。

(二)必须区分矿物颗粒的特点

不同的矿石结构,其矿物颗粒的特点也不相同。如结晶结构多为晶质颗粒,且溶蚀边一般不显著。交代结构的矿物颗粒多为形状复杂且有明显锯齿状的溶蚀边。胶体物质形成的变晶往往在晶粒内部残留有胶状环带和凝缩空隙,而结晶物质重结晶形成的变晶则无这些特征。

(三)要注意矿物颗粒间的接触关系

不同成因的结构其矿物颗粒间的接触关系也有一定的差异。如结晶结构的矿物颗粒间有平直的晶面接触或呈舒缓波状共结边。交代结构的矿物颗粒间的接触则形式多样,被交代矿物常有被溶蚀现象,或被交代矿物颗粒边缘有交代矿物的环边等。各种变晶颗粒间很少有溶蚀接触。

(四)应结合矿石构造并考虑周围的地质特点

在研究矿石结构时,要结合矿石构造及矿床地质。如变质矿石中的变晶结构,经常产于构造断裂带的角砾状矿石中,围岩多呈糜棱化、片理化,变晶延长方向与片理一致,并伴有其他矿物颗粒的破裂和变形产生。沉积矿石中的草莓结构或胶体变晶结构则常产于纹层状或胶体状构造的岩石中,层纹方向常与矿层和沉积岩的产状一致。

在有条件的情况下,可对主要的造矿矿物进行一定的测试(化学分析、包裹体测温、光分析、同位素测定等),并做综合分析。上述各点是相互关联的,应全面考虑以便正确判断矿石结构的成因类型。

第四节 矿物晶粒的内部结构

一、矿物晶粒内部结构的概念及其研究意义

矿物晶粒内部结构是指矿物的双晶、解理、裂理和环带等特征。

矿物晶粒内部结构与矿石组构一样,也是矿石矿物形成时的地质环境、物理化学条件以及形成后遭受变化的历史记录,因此研究矿物晶粒的内部结构同样可以帮助分析矿床的成因、形成过程和形成条件,可以为矿石结构工艺提供有关资料。例如,接触交代成因的磁铁矿常发育有环带状结构,见图版24,说明在成矿作用过程中含矿溶液的成分和性质是不断地发生变化的,而区域变质成的磁铁矿无环带状构造,但常具有双晶。又如寒武纪造山带中的黄铁矿型铜、多金属矿床(受变质矿床)的黄铁矿颗粒具拉长现象,内部的生长环带与颗粒边缘轮廓不一致,并在颗粒边缘发生消失,而闪锌矿、黄铜矿发育具有聚片双晶,说明变质作用具有去环和均一化作用。环带结构还能表明矿物晶出时溶液的组分变化,环带较宽的一侧常为对面矿液流动方向,矿质供应充分、生长较快,因而环带较宽,这些为判断矿液流动方向提供了佐证。又如辽宁华铜矽卡岩型铜矿床,早期磁黄铁矿-黄铜矿阶段形成的富矿石中,黄铜矿具有复合双晶,而晚期形成的黄铜矿则不显双晶,反映了黄铜矿具有不同世代。晶粒内部结构也可以作为鉴定矿物的特征和指示受力作用的情况。如方铅矿和碲铅矿中的黑三角孔,即由三组解理交汇构成,在受力作用后,这些解理可产生揉皱花纹。对矿物晶粒内部包裹体等的研究,可为矿石工艺提供重要资料,例如有的自然金常呈包裹体镶嵌在黄铁矿环带内,多数自然银包裹体产于方铅矿中,清楚它们的赋存状态和大小,有利于晶体的综合利用。

二、晶粒内部结构的研究方法

矿物光片在磨制过程中要产生一层厚约几个埃(Å)的非晶质薄膜,它不仅覆盖于矿物表面,而且充填于矿物的解理、裂理、晶粒间隙,致使矿物连成一片,造成晶粒形态、大小和内部结构无法观察到,所以通常要采用下列方法显示矿物晶粒内部结构,以便观察。

(一)正交或不完全正交偏光法

对于强或较强的非均质金属矿物可以利用正交或不完全正交偏光镜法,来观察矿物晶

粒内部结构。如辉锑矿、毒砂、铜蓝、磁黄铁矿、红砷镍矿等非均质矿物,用此方法观察,可得到较好的结果。有时黄铜矿虽是弱非均质矿物,也能隐约观察到双晶。但这一方法通常只能显示矿物结晶颗粒轮廓界线及其内部双晶、晶带等,而不能显示解理、裂理等。

(二)结构浸蚀法

对那些均质性或弱非均质性的金属矿物,可利用结构化学浸蚀法来显示其内部结构。结构浸蚀法是在光片上用一定浓度的化学试剂加以浸蚀,由于光面上的矿物晶粒因其各自方向和截面不同,与试剂反应的速度和程度不同,故晶粒经浸蚀后显示出明暗和深浅程度不同的浸蚀面。其浸蚀的时间、化学试剂的种类和浓度,以能够最快和最清晰地显示其内部结构为宜,其浸蚀面积视需要而定,一般比浸蚀鉴定大些。浸蚀的时间从几秒至几十秒不等,甚至可达十几分钟。矿物晶粒的界限、裂解、解理、环带、双晶等内部结构都可被观察到。常用下列方法:

(1)液体试剂浸蚀法(湿法)。用滴管吸取试剂滴在光面上进行局部浸蚀,经一定时间后,用滤纸吸干,置于显微镜下观察。若有沉淀物产生,可以清水冲洗,擦干后观察。

(2)气体试剂浸蚀法(气法)。矿石光片的磨光面置于盛有化学试剂的玻璃瓶口上方,但不接触玻璃瓶口,利用试剂的蒸气来浸蚀矿石磨光面,经一定时间后,进行观察。该方法不易损坏磨光面。

(3)电解浸蚀法(电解法)。通常用四节串联的一号干电池作为电源,正极与钢针相连接,负极与铂丝相连接,然后将铂丝触及光片上有试剂的溶液表面,使钢针触及矿物,构成电流回路。经一定时间后,取下电极,用滤纸吸干后观察。该方法的实质是加速和加强试剂对光片的浸蚀反应。

结构浸蚀法的反应时间应由短到长,试剂浓度由稀到浓,直到能够清晰地观察到晶粒内部结构,尽量少损坏光面。观察时,按由低倍到中倍物镜的次序进行,以免遗漏。表 12-4 为部分常见矿物结构的浸蚀数据。

表 12-4　部分矿物所用浸蚀方法及其内部结构

矿物	显示方法	内部结构
方铅矿	①1:1HCl 通电数秒;②1:1HNO$_3$ 浸蚀 20~30 s;③60%~70% 的 HBr 浸蚀 8~11 s;④饱和 NaCl + 几滴 FeCl$_3$ 浸蚀 10~30 s	解理,偶见环带、颗粒界限、包体,偶见环带
闪锌矿	①不完全磨光法(显聚片双晶);②气法,王水蒸气,10~20 s;③KMnO$_4$ + 1:5H$_2$SO$_4$,10~30 s,试剂现配	双晶及聚片双晶,偶见环带结构、晶粒界限
黄铜矿	①25% NH$_4$OH + 数滴 30% H$_2$O$_2$,20~30 s;②气法,王水蒸气,10~30 s;③KMnO$_4$ +40% KOH,10~40 s;④HNO$_3$ + KClO$_4$ 晶体	晶粒界限,双晶,偶见环带
磁铁矿	①浓 HCl,1~2 min;②浓 HBr;③不完全磨光法	双晶、环带
铬铁矿	①2gKClO$_4$ + 40mLH$_2$SO$_4$ + 10 mL 水,光片投入试剂中煮 30 min~2 h;②不完全磨光法	裂解、环带
辉铜矿	①1:1HNO$_3$ 浸蚀 1~5 min;②20% KCN,10~20 s	晶粒界限,解理,偶见双晶

续表12-4

矿物	显示方法	内部结构
黝铜矿	①浓 $KMnO_4 + KOH + 30\%$ H_2O_2，$10 \sim 60$ s，试剂现配；②$HCl +$ $50\% Cr_2O_3$，30 s	晶粒界限，偶见环带状结构
黄铁矿	①电法：$30\% NH_4OH$，直流电 $70 \sim 100$ V，$10 \sim 20$ s；②浓 $HNO_3 + CaF_2$ 粉；③$KMnO_4 + 1:5$ H_2SO_4，$20 \sim 30$ s；④$KMnO_4 +$ KOH，$10 \sim 20$ s	环带，胶状残余
锡石	①不完全磨光法；②$1:5$ HCl + 小块锌片，使锡石产生一层金属锌膜，再以 HNO_3 溶解	双晶，环带
斑铜矿	①气法，王水蒸气，$5 \sim 10$；②$1:1 HNO_3$，$1 \sim 2$ min；③$20\%$ KCN，$1 \sim 2$ min	方形解理
自然金	①王水；②$HCl + 50\% Cr_2O_3$ 混合剂；③王水 $+ 50\% Cr_2O_3$ 混合剂	聚片双晶，环带
自然银	①浓 HI；②$HCL + 50\% Cr_2O_3$ 混合剂的蒸气，$10 \sim 20$ s	双晶，环带
自然铂	①王水；②$HCl + 50\% Cr_2O_3$ 混合剂，$10 \sim 25$ min	双晶
赤铁矿	①电法：$1:1 HCl$，直流电 6 V；②浓 HF，$1 \sim 2$ min	双晶，解理
磁黄铁矿	①正交偏光法；②HI，$1 \sim 5$ s	双晶，晶粒界限
毒砂	①正交偏光法；②$1:1 HNO_3$，$15 \sim 60$ ɔ；③$KMnO_4 + 20\% KOH$ 新配，$10 \sim 20$ s	双晶，聚片双晶，晶粒界限，解理，环带
铜蓝	①正交偏光法；②单偏光法，由双反射及反射多色性显示	弯曲双晶，解理，晶粒界限
辉钼矿	正交偏光法	弯曲聚片双晶，解理
石墨	正交偏光法	弯曲聚片双晶，解理

(三)不完全磨光法

对于有些既不能用正交偏光法，又不易被试剂浸蚀的矿物，如黑钨矿、辰砂等，可以采用细金刚砂稍加抛光，而不抛出光面，观察其晶粒内部结构。

三、矿物晶粒内部结构的主要类型

(一)环带结构

环带结构是在晶粒内部，由一系列平行晶面的环状条纹带所构成。各环带间以反射色、反射率、硬度、化学组分、包体等差异而显示其差别。

当晶体生长时，在晶面上吸附一些细微的杂质，逐步生长亦可形成环带结构，多见于毒砂、铬铁矿、方铅矿和黄铁矿中。

对于固溶体系列的矿物，按顺序沉淀时，由于分布不同也可构成环带结构，由晶体内部向外可以由高温端元逐步变为低温端元形成环带。如硫铁镍矿$(Fe, Ni, Co)S_2$为$FeSO_2 - NiS_2 - CoS_2$的完全固溶体，由于成分不同也可造成环带构造，含镍、钴高的环带反射率偏低，在金银

矿和黑钨矿中也有这种环带结构。

生长环带一般与晶面平行，在晶体生长过程中，由于生长速度的变化，晶体各方向上的速度有差异，晶面发育不均匀，也能产生与晶面完全不平行的生长环带。当矿液沿着这些生长环带的缝隙交代或沿着不同组分的环带选择交代时，可使环带结构露得更加清晰，部分环带可显示出不平整的溶蚀痕迹。

胶体物质重结晶而形成的环带结构，其主要是由于当凝胶沉淀物凝缩时产生了孔隙，这些孔隙可将凝胶沉淀物分开，形成一些同心环带；当凝胶沉淀时，常吸附一些其他杂质，由于成分不同显示出环带；当凝胶的组分发生变化时，如微量元素的含量不同，也会在沉淀过程中形成同心环带，它们经过重结晶作用后，可以残留原凝胶沉淀物的痕迹，保存在矿物晶粒内部则形成环带结构。

由胶体物质重结晶形成的环带结构的形态特征是环带多呈不平直的波状或弯曲的同心环状，多与晶面不平行，如陕西二台子金矿石，黄铁矿变晶颗粒中的环带呈半球状、波纹状与晶面不平行，他们被晚期矿物交代后比较明显，易于观察，一些结晶生长力较强的矿物，受重结晶作用的变晶内，常保留此种环带结构，如菱铁矿、锡石等都有此结构。

总之，环带结构可出现于内生和外生条件下新形成的矿石中，但主要发育在熔体和溶液中结晶的矿物中，胶体矿物重结晶形成的环带结构则次之，变质成因的矿石中很少见，其原因是经变质作用，环带往往消失。

环带结构具有重要的意义，如接触交代成因的磁铁矿晶粒中，多发育环带结构，因而可与其他磁铁矿相区别。

常见显环带结构的金属矿物主要有：铬铁矿、辉锑矿、辉砷镍矿、磁铁矿、硫铁镍矿、毒砂、方钴矿、镍黄铁矿、金银矿、钛铁矿、方铅矿、锡石、黑钨矿、黄铁矿、锑镍矿、金红石、针镍矿、黝铜矿等。

（二）双晶结构

按照双晶构成形式，可分为简单双晶、聚片双晶、羽状复聚片复合双晶等。简单双晶由两个不同方位的单体所组成；聚片双晶是由按同一双晶律结合并多次重复、彼此平行的多个片状单晶组成；复聚片双晶是由不同双晶律的两组聚片双晶相互交错组成。

按双晶结构的成因，可分为生长双晶和压力双晶等。

（1）生长双晶。晶体生长过程中，晶芽按双晶规律的位置生长，或晶体生长到相互密接时，由于晶粒间的压力，晶粒中的分子层间发生了有规律的推移而形成双晶，但它并没有受到外来压力的影响。多以简单的接触双晶、贯穿双晶形成出现，其双晶纹平直，双晶带宽度不等，双晶在矿石中一般无固定方向，且不普遍。生长双晶在金属矿物中并不多见，在闪锌矿、毒砂、辉铜矿、黄铜矿、黄锡矿和自然金中有时可见。此外，生长双晶偶尔也出现聚片双晶。

（2）压力双晶。晶体形成后，受外力压力影响而造成的双晶，常为密集聚片双晶或复聚片双晶且多呈纺锤状和叶片状，往往在很小的范围内其形状就有变化，并且经常发生弯曲、断裂、波状消光和滑动等现象，同时多发生重结晶作用。在矿石中，双晶纹一般沿一定方向分布，而矿物本身也沿此方向延长展布。这种双晶主要由变质作用形成，也可受其他动力作用形成，常见的压力双晶结构矿物主要有辉锑矿、铜蓝、方铅矿、赤铁矿、磁黄铁矿、闪锌矿、钛铁矿、锡石、黄铜矿、石墨、黑锰矿、金红石等。

（三）解理结构

矿物晶体受外力作用后，严格沿着一定的结晶方向（面网间距最大、键力最强）分裂成光滑平整平面的性质，即为解理。解理在光片中表现为平行的一组或几组方向的线纹，几组方向的解理同时出现可相交成格状。金属矿物在光片中的解理表面因有非晶质薄膜覆盖不易显现，只有一些解理发育且又显著的矿物能在镜下直接观察，一般需要经过浸蚀或利用不完全磨光的方法才能观察。但在观察光片时看到的下列现象可以帮助确定解理。

（1）后生成矿物沿早生成矿物的一定方向进行充填和交代。如白铅矿沿氧化了的方铅矿的{100}三组解理分布，又如赤铁矿常沿磁铁矿的{111}裂开交代。

（2）对固溶体分离的矿物，往往见到客晶沿主晶矿物的一定方向（解理方向）呈叶状、格状或乳滴状分布，如针镍矿硫钴矿{100}解理呈固溶体分解的出溶物分布。

（3）规则的、据方向排列的黑三角陷穴，如方铅矿的{100}三组解理常相交呈三角形，经研磨后沿交汇处剥落常形成三角孔穴。

这些特征的解理能作为鉴定矿物的辅助标志，再如像磁黄铁矿、辉锑矿等受压力作用后可产生解理；一些塑性矿物如辉钼矿、方铅矿的解理或裂理产生变形等现象，在矿石中均比较常见，这些都有助于认识矿石的形成特点。

（四）裂理

裂理是指晶体受外力作用，有时可沿着内部格子构造中的一定方向面网发生破裂。晶体的面网之所以裂开，是由于在晶体结构的一定方向上有杂质分布，既有包裹体分布也有固溶体分解的出溶物等。解理与裂理在形态上极为相似，二者的区别在于：解理是矿物的固有特征，因此在同种矿物的任何一个晶体中都有同样出现；裂理不是矿物的固有特征，因此在不同条件下形成的同种矿物，有的具裂理，有的就没有。如含钛的磁铁矿常有裂理（太庙，攀枝花）而湖北大冶矽卡岩型的磁铁矿则无裂理。

与解理一样，经交代作用、固溶体分离作用、风化作用、应力作用等均可促使矿物裂理的显现。如赤铁矿常沿磁铁矿的（111）或（100）裂理方向交代，铬铁矿受应力作用形成（111）格状裂理，固溶体分离作用下客晶矿物镍黄铁矿沿主晶矿物磁黄铁矿的（0001）面呈格状分布；又如客晶矿物黄铜矿沿主晶矿物斑铜矿（111）裂理呈格状分布。

图版 1　浸染状构造

黑色铬铁矿呈浸染状分布于蛇纹岩中

图版 2　条带状构造

黑色铬铁矿在蛇纹石化橄榄岩中呈条带状分布

图版 3　交错脉状构造

黄铁矿(Py)沿两组解理穿切磁黄铁矿(Po)

图版 4　梳状构造

黑钨矿呈长板状、石英垂直于脉壁生长

图版 5　角砾状构造

磁黄铁矿(Mgt)被黄铁矿(Py)胶结

图版 6　晶洞状构造

紫红色辰砂在白色白云石和无色
石英组成的晶簇晶洞中

图版 7　蜂窝状构造

由菱锌矿构成的蜂窝状

图版 8　葡萄状构造

硬锰矿呈葡萄状构造

图版9 皮壳状构造

绿色孔雀石呈皮壳状包裹磁铁矿等角砾

图版10 鲕状构造

赤铁矿呈鲕状构造

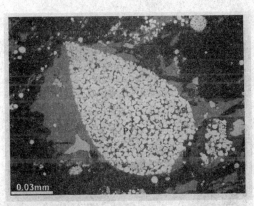

图版11 草莓状构造

自形晶黄铁矿和更细小的黄铜矿
莓粒组成草莓状构造

图版12 片麻状构造

黑色石墨、白色的长石和石英定向排列
构成片麻状构造

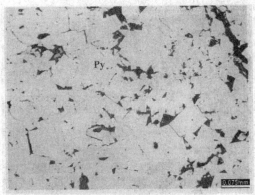

图版13 全自形晶粒状结构（光片）

黄铁矿（Py）呈全自形晶粒状结构

图版14 他形晶粒状结构（光片）

磁黄铁矿（Po）呈他形晶粒状结构

图版 15　海绵陨铁结构（光片）
黑色钛磁铁矿胶结略带绿色调的斜长石
而成海绵陨铁结构

图版 16　浸蚀结构（光片）
赤铁矿（Hem）沿磁铁矿周边进行交代

图版 17　交代文象结构（光片）
黄铜矿被方铜矿（Gn）交代形成似象形文字残留

图版 18　骸晶结构（光片）
黄铁矿晶体被方铅矿从内部和边部交代呈骸晶状

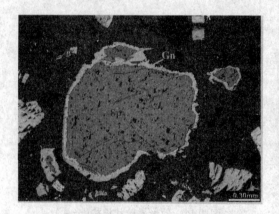

图版 19　交代反应边结构（光片）
方铅矿沿闪锌矿（Sp）周边进行交代

图版 20　假象结构（光片）
赤铁矿交代磁铁矿，完全交代时呈磁铁矿
晶体形态，是假象赤铁矿

图版 21　乳滴状结构

黄铜矿（Ccp）呈乳滴状分布于闪锌矿中

图版 22　叶片状结构

钛铁矿（Ilm）在磁铁矿中呈长叶状分布

图版 23　格状结构（光片）

黄铜矿呈细小乳滴状、叶片状规则排
列,呈格状分布于闪锌矿中

图版 24　环带状结构（光片）

磁铁矿的环带结构（经浓 HCl 浸蚀）

第十三章　矿化期、矿化阶段和矿物生成顺序

学习目标

　　本章引入矿化期、矿化阶段和矿物生成顺序的基本含义,从而探讨矿床的成矿过程,形成条件以及在时间上和空间上的分布规律。通过本章学习,学生应基本能够分析成矿作用的过程,了解矿体分布的规律,初步学会恢复成矿历史和确定矿床成因的方法。

　　矿化期、矿化阶段和矿物生成顺序能反映矿床的成矿过程、形成条件以及在时间上和空间上的分布规律。因此,矿化期、矿化阶段和矿物生成顺序的研究可以阐明成矿作用的过程,查明矿体分布的规律,能为恢复成矿历史和确定矿床成因提供基础资料。

第一节　矿化期和矿化阶段

一、矿化期的概念及其确定标志

　　矿化期也称成矿期,是指一个较长的成矿作用过程,在成因上与同一个成矿岩浆源有关,或与不同的外生作用或变质作用有关。各成矿期之间具有较长的时间间隔,不同的矿化期反映了成矿地质条件和物理化学条件有显著的差别。每个矿化期形成与自身物理化学条件相应的一组共生矿物,根据成矿作用的特点,可将成矿期大致划分为岩浆矿化期、伟晶岩矿化期、气水－热液矿化期、风化矿化期、沉积矿化期及变质矿化期等。矿床的形成可以经历一个或多个矿化期,其中有的矿化期起提供成矿物质的作用,有的矿化期起改造或叠加的作用。

　　确定矿化期的主要标志是:不同矿化期形成不同的典型矿物。在不同的矿化期中,由于它们的成矿作用、地质条件和物理化学条件不同,反映在矿床的产状、矿体和矿石的特点上亦不相同。确定矿化期必须对矿床进行基础地质工作,应对矿床形成的地质环境、物理化学条件和矿体的产状特征等进行观察分析;还应结合矿化期中典型的矿物组合和矿石的组构特征进行分析。

二、矿化阶段的概念和划分标志

（一）矿化阶段的基本概念

　　矿化阶段又叫成矿阶段,是指在一个矿化期内较短的矿化作用过程,不同的矿化阶段反映了成矿地质条件和物理化学环境有一定的差异。同一矿化阶段所形成的一组矿物属于一

个共生组合，它是在物理化学条件基本相同或相类似的成矿作用下同一次成矿过程的产物。矿化阶段的形成可以由岩浆活动的演化、构造活动的多次出现和矿液的间歇活动、矿液性质的变化、外营力的改变等地质条件和物理化学条件的变化而引起。同一个矿化期内可以有一个或多个矿化阶段，它们有一定的先后顺序，较晚的矿化阶段的产物可以叠加在早期矿化阶段之上，造成矿床的多阶段性，导致矿体和矿石在形态、空间产状和物质成分上的复杂化。例如，在热液矿床中常见到早阶段形成的矿物组合为后阶段形成的矿物组合所截穿或交代。

确定矿化阶段的序次和强度，可以帮助了解矿床的形成过程及其演变特点，查明矿体的富化或贫化规律，识别主要成矿阶段的标志，对于找寻富矿体具有重要意义。

（二）划分矿化阶段的主要标志

确定矿化阶段的主要根据是矿体构造、矿石构造及矿物共生组合等三方面的标志。

1. 矿体构造方面的标志

根据矿体的穿切关系或分带关系，可以划分出先后不同的矿化阶段。

脉状矿体的穿切关系：一些热液矿床由于构造活动导致矿液多次叠加。晚阶段形成的矿脉穿插早阶段的矿脉，这种现象在矿化露头采矿场、坑道壁上常可看到，如图13-1所示，含萤石及闪锌矿等少量硫化物为最先生成，系第一矿化阶段的产物；含方铅矿等的萤石脉，为第二矿化阶段形成；含闪锌矿及方铅矿的萤石纵向切穿第二矿化阶段形成的萤石脉，为第三矿化阶段的产物。

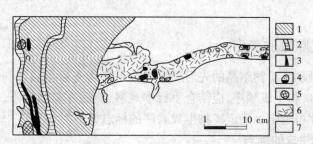

1、2、4—不同矿化阶段的萤石；3—闪锌矿；5—方铅矿；6—石英；7—围岩

图13-1　湖南桃林铅锌矿床坑道素描图

矿体的分带构造：由于断裂的多阶段的重合张开，并伴随多次成矿作用，往往呈从矿体的边部至中央依次由不同矿物共生组合构成的从早到晚的分带构造，各带的矿物共生组合及矿石结构构造都有差异，可据此从边缘向中央依次划分矿化阶段。

矿体的控矿因素及近矿围岩蚀变特征：在矿脉间穿插关系和矿脉内部的结构无明显特征的一些矿体中，要注意查明矿体的控制因素及围岩蚀变的变化规律。如某种矿化与一围岩蚀变关系密切，转变为与另一种蚀变有关时，应考虑此为不同阶段的矿化产物。

2. 矿石构造方面的标志

脉状、交错脉和网脉穿插构造：可将矿化作用分为两个阶段，即被穿插者为第一阶段，穿插者为第二阶段。

角砾状和坏状构造：角砾被晚阶段的矿化产物所胶结或包围沉淀，角砾与胶结物代表不同矿化阶段的产物。若围岩围绕这些角砾依次向外沉淀，即形成环状构造。

残余构造：晚期矿化阶段形成的矿物组合交代早期矿化阶段的矿物，在成分上有明显的不同，残留有被交代矿物组合的成分和构造（含假象结构）。

3.矿物共生组合方面的标志

根据矿体中不同矿物组合间的接触关系判断矿化阶段。矿物共生组合间的关系沿矿体的走向或倾向发生变化时,可代表不同矿化阶段的产物或者反映不同矿化阶段的叠加。

查明矿物共生组合间的关系,早阶段形成的共生组合可被晚阶段的共生组合交代,有时穿插或胶结。

矿化阶段的划分,需结合野外矿床地质特点及有关矿床的综合资料,并对矿石标本、光片等进行详细的观察和分析,以及对矿物标型特征及其内部结构、形成温度、微量元素等研究之后,才能做出结论。

第二节　矿物的生成顺序和世代

一、矿物生成顺序的基本概念

在同一矿化阶段中,各种矿物结晶的先后次序,称为矿物的生成顺序。但不同矿化阶段生成的矿物之间生成的先后关系,不能归为矿物的生成顺序。

矿物生成顺序取决于矿物形成时的物理化学条件及成矿溶液的性质、浓度、成分等因素,因此要确定一个矿床的矿物生成顺序,必须根据具体情况加以研究分析,才能做出正确的判断。

二、矿物生成顺序的确定

在同一矿化阶段中,矿物结晶的先后顺序大致可归为先后生成、同时生成、超覆生成等三种关系。要确定矿物生成顺序,应结合手标本观察,然后在显微镜下,观察矿石光片的组构,经综合分析后才可确定。确定矿物生成顺序的标志如下。

（一）矿物先后生成的标志

矿物形成时间的早晚不同,某种矿物形成以后另一种矿物才开始形成,常见的形式有。

（1）一种矿物被另一种矿物穿插交切,被穿插者早于穿插者,这种标志体现在矿式结构上有交代成因和填充成因的交叉结构、交代网状结构、格状结构、隔片状结构。

（2）填充（胶结）结构以矿物填充在另一矿物颗粒之间,被充填的矿物先生成,充填的矿物后生成。如磁黄铁矿的海绵陨铁结构,被充填的硅酸盐矿物（自形晶或半自形晶）先形成,充填（胶结）的磁黄铁矿生成较晚。

（3）填充在开口裂隙中的矿物所形成的梳状构造、晶洞构造、对称带结构等的共同特点是靠近围岩两壁的矿物先生成,愈向中间的矿物愈晚生成。若只有一块岩石无围岩壁,可根据自形晶尖端所指的方向来判别,一般晶体自形的一端所指的方向就是裂隙中心的方向。

（4）利用交代作用形成的某些溶蚀现象可帮助确定矿物的生成顺序,如:

骸晶结构:具原晶型之残骸者,生成在先。如原具有自形晶的黄铁矿被方铅矿交代,交代后还剩黄铁矿晶体骨架,则具备晶体骨架的黄铁矿先生成,交代矿物方铅矿后生成。

假象结构:一种矿物具有完好的晶型,被另一种矿物交代并呈被交代矿物的晶形,则残余矿物生成早,假象矿物生成晚。

残余结构:一种矿物呈"破布""碎片""文象""岛屿"等残留于另一矿物中,残余物又可与附近的矿物连接成片,有时在正交偏光下还可见到这些残余物具同步消光,则可判断残余矿物生成较早,交代矿物生成较晚。

(二)矿物同时生成的标志

固溶体分离结构:固溶体分离成的主、客晶体两种矿物属同时形成的,两个矿物间的界线平整光滑。

共生边结构:这是指不能形成固溶体分离结构的矿物,若它们之间的接触界线光滑且呈波浪状,无相互插入或溶蚀现象,二者为同时生成。常见于由结晶或重结晶形成的某些矿物矿物颗粒。

再结晶结构:是胶体或晶质(再)重结晶形成的结构,变晶代表同时形成的,如花岗变晶、斑状变晶、包含变晶及放射变晶和变胶结构等。

(三)矿物超覆生成的标志

两种矿物颗粒在其结晶过程中,只要有一段时间重叠,则称为超覆生成,超覆生成有四种情况:

(1)一种矿物先结晶,但尚未结晶完全时,另一种矿物就开始结晶,两种矿物不同时结束结晶而是后结晶的后结束。

(2)两种矿物同时开始结晶,但不同时结束结晶。

(3)两种矿物不同时开始结晶,但同时结束结晶。

(4)后结晶的矿物先于早结晶矿物结束结晶。

三、矿物的世代

(一)矿物世代的概念

同一种矿物在同一矿化阶段中多次结晶的先后次序称为矿物的世代,同一种矿物产生多次世代的原因是同一种化学反应在含矿溶液中多次重复。

(1)含矿溶液中氧离子浓度的变化。例如,在矿化作用初期,由于温度较高,溶液中硫离子浓度低,从溶液中先沉淀出氧化物,如锡石、磁铁矿等,因此消耗了大量的氧而使沉淀逐渐停止,然后由周围的介质(围岩或其他矿石)以扩散方式逐渐加入氧。当氧的浓度达到某种程度时,则又沉淀出下一世代的氧化物。

(2)含矿溶液中硫离子和二氧化碳浓度的变化。在溶液温度降低时,硫离子与二氧化碳浓度降到一定数值时沉淀停止。溶液温度继续下降,使得溶液中 H_2S 或 CO_2 的溶解度增加,当浓度增至某种程度时,则沉淀出下一世代的硫化物或碳酸盐。

(3)溶液中金属组分的变化。在矿化作用初期,溶液中溶解有较多的矿物质,浓度大,由于迅速地到达过饱和,产生大量结晶中心而沉淀,因此形成胶状的、细粒的或隐晶质的矿物集合体。沉淀停止后,溶液变得非常稀薄,在下一次再沉淀时只产生少量的结晶,因而形成稀疏的、单位大颗粒的并且往往有自形晶面的晶体,即第二世代的矿物。

不同世代的矿物由于其含矿溶液与其形成时的物理化学条件不同,因而表现在矿物中微量元素、类质同象混入物、包裹体的种类及气液包裹体的均匀化温度、矿物的颜色、晶型、习性、内部结构均有不同。

(二)确定矿物世代的标志

(1)矿物形态及晶形特征的差别。同种矿物由于成矿时物理化学条件的变化,能使矿物在结晶程度和晶体形态上产生差别。例如,某一矿床中的黄铁矿有两个世代,第一世代呈胶状结构,第二世代为自形晶粒状结构;又如在达拉松矿床的许多矿脉中,毒砂单矿物集合体从脉壁到中心呈对称条带状出现,细粒毒砂—粗粒毒砂—柱状毒砂晶体,各条带中不同力度的毒砂反映了毒砂的不同世代。

(2)物理性质及化学组分的差异。由于成矿作用中含矿介质组分浓度的变化,不同世代的矿物所含的微量元素特点会有一定差异,反映在矿物的反射率、反射色、颜色、硬度等物理特性上的不同。

(3)矿物晶粒内部结构的不同。由于矿物形成时的物理化学条件的不同,不同世代的矿物其晶粒内部结构也具有差异。

(4)矿物共生组合特点的不同。同种矿物分别产于不同的矿物共生组合内,可划为不同的世代。

第三节　矿物生成顺序图表的编制

在对矿床进行充分的野外观察和室内研究后,将得到的关于矿床的矿化期、矿化阶段、矿物生成顺序的结论用"矿物生成顺序表"表示出来。从图表中可以一目了然地看出矿化以及成矿后所遭受的各种变化,这对查明矿化作用的规律,帮助分析研究矿物的共生矿生成顺序和物理化学条件的改变,以及指导找矿勘探工作都有重要意义。

图表中表示的主要内容有:

(1)矿物的矿化期和矿化阶段。

(2)各矿化阶段的全部矿物成分及其相对含量和矿物的生成顺序、矿物世代。

(3)成矿后遭受的各种变化。

(4)划分矿化阶段和确定矿物生成顺序的矿石组构依据和典型的矿石组构以及矿化阶段的标型元素。

矿物生成顺序图表的形式,可根据具体矿床中实际地质资料的丰富程度来设计,总体上要求必须将矿物生成顺序图表所要求的基本内容明确地反映在图表上,并力求简洁、美观。矿物生成顺序图表一般多采用格状图表。表中列出全部矿物的名称,其上下次序是按矿物生成的先后由上向下排列,先生成的列在上面,后生成的列在下面。矿物相对含量的表示方法用透镜体或线条表示,其长短表示矿物由开始形成到结束的时间。透镜体的厚度表示相对的数量,量少的矿物透镜体为扁平或细薄的,反之则透镜体厚度大,透镜体厚度部位,表示某段时间矿物的沉淀量相对较多;两种矿物若属先后生成,透镜体的长短不重叠;若属同时形成,透镜体全部重叠;若为超覆形成,则同时生成的矿物的透镜体可以重叠。

矿物生成顺序图表见表13-1,主要表明矿化时间的演变关系,一般不能全面反映矿化空间分布的特点,故应以文字或其他图表加以补充。

表 13-1 某硫铁矿床矿物生成顺序图表

矿化期 / 矿化阶段 / 形成温度 主要矿物	热液期 磁铁矿—赤铁矿（Ⅰ）440~370℃	石英—黄铁矿（Ⅱ）290~270℃	菱铁矿—黄铁矿（Ⅲ）260~200℃	黄铜矿—斑铜矿（Ⅳ）250~228℃	铅锌硫化物（Ⅴ）220~190℃	表生期
磁铁矿	◆					
赤铁矿		◆				
黄铁矿(1)		◆				
石英		◆				
绢云母		◆				
菱铁矿			◆			
黄铁矿(2)			◆			
黄铜矿(1)				◆		
斑铜矿				◆		
墨铜矿				◆		
闪锌矿					◆	
黝铜矿					◆	
黄铜矿(2)					◆	
方铅矿					◆	
重晶石					◆	
孔雀石						◆
褐铁矿						◆
矿石构造	块状	角砾状 似条带状	网脉状 斑杂状	残余		被膜状 网脉状
矿石结构	镶边 假象	压碎(粗粒)	等轴粒状(细粒)	叶片状 镶边	交叉 乳浊 镶边	
矿石类型	赤铁矿—磁铁矿石	黄铁矿石 磁铁矿石—黄铁矿石	菱铁矿—黄铁矿石 混合矿石	叠加于菱铁矿—黄铁矿石上	叠加于菱铁矿—黄铁矿石	硫化物受次生变化
空间分布	矿体中上部	矿体中部	矿体中下部	矿体中下部		地表裂隙

注： ⬭ 矿化时间和矿化强度； 〰 构造活动。

第十四章　矿石工艺性质研究中的矿相学工作

学习目标

　　本章主要讲述了矿相学在矿石工艺方面的应用,包括矿石的组成矿物及其含量的测定、矿石的矿物组成和伴生矿物对矿石技术加工的影响、矿物的镶嵌关系和嵌布特征。通过本章的学习,学生对矿石的加工技术应有初步的判别,能够针对不同矿石特征,进行合理的矿石技术加工方法选择。

第一节　概　述

　　矿相研究不仅在帮助解决矿床的成因方面具有重要的意义,而且对矿石加工应用方面有着更为重要的实际意义。为了合理地利用矿产资源,经济而有效地进行金属矿石的工艺技术加工,必须查明矿石的工艺性质,从而为找矿勘探和选矿冶炼提供实际资料,这个工作主要是通过矿石做详细的矿相研究。

　　矿相学在矿石工艺性质研究方面主要有以下任务:

　　(1)查明矿石的矿物成分和化学组成、有用矿物的粒度和百分含量的测定。

　　(2)确定矿石中有用元素和有害元素的赋存状态及其含量。

　　(3)查明有用矿物和相邻矿物的镶嵌关系和嵌布特性以及矿石的组构特征。

　　(4)查明矿石中各组成矿物某些物理性质上的差异:如硬度、比重、磁性、导电性和解理发育程度等,并结合矿物的解离性预测其矿物的可选性。

　　矿石的经济价值不仅取决于矿石的组分、有用组分的含量,同时也取决于有用组分在矿石中的产出状态,因为这些产出状态决定了选矿工艺的繁简难易、可能回收的程度,以及加工成本,甚至影响矿石能否被利用的可能性。

第二节　矿石的组成矿物及其含量测定

一、矿石的组成矿物

　　矿石是由有用矿物和脉石矿物组成的,矿石鉴定是矿石工艺性质研究的基础,必须对组成矿物鉴定准确无误。矿石中有用矿物的百分含量或有害成分的含量是决定选矿方法的基本依据,也直接影响着矿石的经济价值。

二、矿石组成矿物的含量测定

测定矿物的百分含量应在经过初次破碎的粗矿砂中进行为宜,这时矿物分布较为均匀,且具有代表性。测量方法主要有体积含量测量法、分离矿物称重法、矿物组成元素分析法等。

(一)体积含量测量法

测量前可先将粗矿砂胶结,再磨制成光片,在显微镜下对代表性光片进行矿物量统计,一般需填满 1 000 ~ 1 500 粒,可以依据各矿物的体积含量比相当于其面积比、线段长度比、点数比进行测量,然后结合各矿物的比重计算重量比。也可根据各矿物中元素或组分的百分含量,计算各元素或组分在矿石中的百分含量。

(二)分离矿物称重法

用磁法、电法、重液法、溶解法或挑选法等方法将已粉碎的矿石中的各矿物分离,然后将各单矿物称重,分别求出与原样的总重之比,乘以100%,可得该矿物的百分含量。

(二)矿物组成元素分析法

如果某一元素仅存在于矿石中的某特定矿物,可通过对矿石的化学资料分析,计算该矿物的重量百分含量,该矿物的重量含量(%) = 该矿物特定元素含量(%)/矿石中特定元素的含量(%)。

三、金属百分含量计算

用各种方法测出矿石或选矿产品中矿物的体积百分含量后,可根据各矿物的比重,分别计算出各矿物在样品中的重量百分含量,某矿物的重量含量 = (该矿物体积百分含量 × 矿物比重)/各组成矿物体积百分含量与各自比重乘积之和。

第三节　矿石的矿物组成和伴生矿物对矿石技术加工的影响

一、矿石中矿物成分对矿石技术加工的影响

矿石的矿物组成主要由有用矿物、脉石矿物和伴生有用矿物三种,其中有用矿物的物理性质和特点决定了选矿和冶炼方法的不同。例如同一种金属元素铁,当矿石有用矿物是磁铁矿时,采用磁选;如果是赤铁矿,则适合用重法选矿。

矿石中除有用矿物成分和脉石矿物外,往往还伴生其他有用矿物,在设计选矿方案时必须考虑综合回收,这就需联合采用几种方法进行分选。而且伴生矿的组分往往不同,则选矿方法也有差异,其选矿技术要复杂得多。

矿石中往往含有较多的脉石矿物,脉石矿物的硬度、结构、物理性质和化学成分等都会直接影响磨矿效果、成本和选矿方法的选择。例如脉石矿物是石英、长石等硬矿物,而与有用矿物方铅矿、辉银矿、辉钼矿等软矿物一起粉碎磨矿时,往往脉石矿物尚未磨碎,有用矿物就已磨得过细、甚至泥化,增加了有用矿物的分选难度。若脉石矿物为滑石、叶腊石、绢云母

等软矿物,则一起粉碎和磨矿,容易产生泥化,两者更难分开,恶化选矿效果。纤维状、叶片状、格子状的脉石矿物和有用矿物构成连晶时,往往不易分离,以致影响精矿品位。脉石矿物还会影响冶金中对溶剂的选择,如湿法炼铜,脉石中若含有大量方解石等碳酸盐矿物,则会消耗大量硫酸。总之,脉石矿物的种类、物理性质、化学性质大大影响选矿、冶炼方法的选择和流程的设计,是选矿、冶炼设计时必须考虑的一个重要方面。

二、矿石中元素的含量和赋存状态对技术加工的影响

矿石中有益、有害元素的存在以及赋存状态直接影响矿床的经济价值,因此查清矿石中的有益、有害元素的含量、分布规律和赋存状态对确定工业矿物、选冶方案和工业流程是十分重要的。

(一)元素的赋存状态

矿石中有用、有害元素的赋存状态主要有以下三种形式。

1. 独立式矿物形式

目前工业上大量利用的金属和非金属元素大部分都是从这类独立矿物中提取的。如从磁铁矿、赤铁矿、褐铁矿、菱铁矿中提取铁,从硬锰矿、软锰矿、菱锰矿中提取锰,从黄铜矿、辉铜矿、斑铜矿、孔雀石中提取铜,从方铅矿中提取铅等,都是通过分选矿物的方法使其富集成精矿后提炼出来的。

有些矿物可从中提取两种或两种以上的有用元素,如从方钍矿(ThO_2、U_3、O_8)中提取Th和U,从黄铜矿($CuFeS_2$)中提取Cu和S等。

某些细小矿物颗粒往往呈包裹体赋存于其他矿物中,如黄铁矿中的金、闪锌矿中的黄铜矿、方铅矿中的辉银矿、磁铁矿中的钛铁矿,这种包裹体式独立矿物有的肉眼可见,有的则必须在显微镜下甚至电子显微镜下才能看见。

粒度小于10的包裹体矿物,不能用机械方法分逸,必须在冶炼中回收,如黄铜矿中的超显微镜包裹体金。

2. 类质同象混入物形式

某些元素进入主矿物晶格中替换另一些组分,这些元素(组分)含量相对甚微,但分布均匀,在矿石工艺中有可做主要成分提取的,如含钴黄铁矿中的钴;有的只能作为附属成分顺便提取,如闪锌矿中的Cd、In、Ge、Ga、、辉钼矿中的Re、黑五矿中的Nb、Ta等。这些元素用选矿方法分离,只能对载体矿物的精细矿通过冶炼加以回收。

3. 吸附形式

某些离子因带异电荷被某种矿物或岩石吸附,如表生绿高岭石吸附Ni;花岗岩风化壳中黏土矿物吸附稀土元素;炭质页岩中吸附U、V等。这些有用元素一般可通过显法冶金回收。

(二)元素赋存状态和含量的观察

由于元素在矿石中赋存状态的多样性和复杂性,因此考察方法和工作程序也是很不一致的,归纳起来,有以下几种方法:

(1)将矿石粉碎后进行光谱半定量分析,以初步查明矿石中的有用及有害元素。

(2)对矿石进行化学定量分析和化学物相分析,对各种元素或组分定量。

(3)对初步确定的有益、有害元素的矿物进行详细的研究,需挑选单矿物进行化学定量

分析或显微镜下详细研究。

考察元素(或组分)的赋存形式,其主要方法如下:

(1)在显微镜下观察鉴定独立矿物和出溶的微细包裹体等。

(2)电子显微镜下查明超显微透明矿物。

(3)用扫描电镜研究超显微矿物及类质同象成分以及吸附组分。

(4)用电子探针及离子探针详细研究细微矿物成分内部结构,通过微区扫描也可以查明类质同象或吸附的某些组分,用离子探针还可获得某些同位素比值。

(5)电渗析主要考察松散、粉末状或胶体状态矿石,确定是否存在吸附形式元素。

(6)X射线分析可准确地鉴定晶质独立矿物。

(7)红外吸收光谱鉴定矿物和判断某些类质同象成分及吸附状态成分。

(8)单矿物化学分析和大型光谱分析,可定量地确定矿物中各种元素的含量。

第四节　矿物的镶嵌关系和嵌布特征

选矿的目的是把有用的矿物富集起来,加以充分利用,或把有害矿物富集起来,加以剔除。将矿石破碎到一定程度,并使之解离,才能达到最佳可选性。最佳可选性取决于矿物之间的解离性,解离性高的矿石选矿工艺简单,消耗低,经济效益大;解离性低的矿石选矿工艺复杂,消耗大,经济效益低。因此,研究矿石的解离性是选矿工作的重要环节之一。

矿物单体在矿石破碎和磨矿工艺中解离的难易程度主要取决于连生矿物之间的镶嵌关系和矿物之间的嵌布关系。

一、连生矿物的镶嵌关系

连生矿物的镶嵌关系是指相邻矿物之间的相对空间关系,包括矿物粒度的大小、形状、分布的均匀性和黏稠度,以及包裹体的分布情况等。矿石的镶嵌形式表现有多种多样的形态,从矿石工艺处理的角度考虑有以下几种类型:

(1)简单嵌布式:晶粒间接触界线呈直线形或弯曲平缓为最常见形式,如图14-1中1所示,如黑钨矿与石英、磁铁矿与石英、方铅矿与方解石等。

(2)斑点状嵌布式:此种类也属简单、常见的形式,如黄铜矿呈斑点状嵌在磁黄铁矿或黄铜矿嵌在闪锌矿中。

(3)文象状、蠕虫状嵌布式:这是一种常见的复杂连生式,如图14-1中2所示,如黄铜矿与黄锡矿、黄铜矿与硫砷铜矿等。

(4)浸染状、乳滴状连生式:也是普通常见的类型,如图14-1中3所示,如闪锌矿或黄锡矿里的黄铜矿。

(5)皮膜状、反应边状、环状连生嵌布式:也是很常见的类型,如辉铜矿或铜蓝围绕黄铁矿、闪锌矿、方铅矿等。

(6)同心球状、鲕粒状嵌布式:是比较普通的类型,如图14-1中4所示,如沥青铀矿与方铅矿、黄铜矿、斑铜矿、白铅矿与褐铁矿等。

(7)脉状、夹板状嵌布式:也属较普通的类型,如辉钼矿呈细脉或脉状穿插黄铁矿、硅酸盐及碳酸盐岩等。

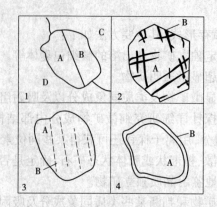

A、B、C、D—不同的矿物或不同期次形成的矿物

图 14-1   矿物的镶嵌关系示意图

(8)层状、片状聚片状嵌布形式:为很少见的嵌布类型,有时磁黄铁矿与镍黄铁矿可形成这种形式。

(9)网状、格状嵌布分布:也很少见,像磁铁矿中的钛铁矿、斑铜矿中的黄铜矿。

除了矿石中矿物的镶嵌关系,矿物本身的性质也直接影响有用矿物单体的分离率。此外,嵌布形式随选矿方法的不同会产生不同的影响,例如浮选往往与有用矿物颗粒表面的被膜和氧化程度有关。如辉铜矿表面有硅孔雀石呈皮膜覆盖于上,但硅孔雀石浮游性差,因而使这一部分铜进入尾矿而损失掉;又如在自然金表面有时生成一层氧化铁薄膜,这时必须用球磨机将包膜去掉,否则既不能混汞,又不溶于氧化溶液中,则这部分自然金会损失在尾矿中。

二、矿物的嵌布特性

矿物的嵌布特性,主要指该矿物在矿石中的分布情况和特点,即指矿物嵌布粒度(工艺粒度)与嵌布均匀性或稠密性。

嵌布粒度是指在矿物颗粒的粒度范围及其大小颗粒的含量分布;嵌布均匀性是指矿物在矿石中的空间分布均匀性或稠密程度。

嵌布特性的命名和分类,一般是根据嵌布颗粒粒度的大小和分布情况来命名,但目前还没有公认的统一原则。嵌布粒度(级)的六级分类如表 14-1 和图 14-2 所示。

表 14-1   嵌布粒级的六级分类

粒级名称	粒级范围(mm)	粒级名称	粒级范围(mm)
极粗粒	>20	细粒	0.2 < , >0.02
粗粒	20 < , >2	微粒	0.02 < , >0.002
中粒	2 < , >0.2	极微粒	< 0.002

分析对比图 14-2 中 9 条粒度曲线,其中曲线 1、3、6、7、8、9 粒度范围较窄,一般在一个嵌布粒级内,属"等粒嵌布类型"曲线;曲线 2、4 粒度范围较宽,包括两个嵌布粒级,属"不等粒嵌布类型";曲线 5 的粒度很宽,跨中、细、微三个粒级,属"极不等粒嵌布类型"。

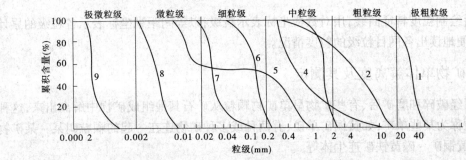

图 14-2　有用矿物嵌布粒级的划分示意图

矿物在矿石中分布的均匀性,大致可分为两种情况:第一种是呈细粒均匀分散在整个矿石中,第二种是局部富集。这两种分布情况,决定了选矿工艺的不同,前者要求将全部矿石磨细至有用矿物解离后分选;而后者要先粗碎矿石以剔除大量脉石,再进行磨矿和分选。根据张志雄提出的按有用矿物在矿石中嵌布均匀度,划分出矿物嵌布的均匀类型,见表 14-2。

表 14-2　矿物嵌布的均匀类型

嵌布均匀类型	矿物的嵌布均匀度	嵌布均匀类型	矿物的嵌布均匀度
极均匀嵌布	>95	不均匀嵌布	25~5
均匀嵌布	95~75	较均匀嵌布	75~25
极不均匀嵌布	<5		

三、矿物嵌布粒度的测量

矿物嵌布粒度也称工艺粒度,是指某些矿物的集合体颗粒和单晶颗粒的大小(并非单指成因上的结晶粒度),它是决定矿物单体解离的重要因素。在矿石工艺中,它是选择碎矿和磨矿作业与选矿方法的主要依据之一。对矿物嵌布粒度,较常用的测量方法有面测法、线测法和点测法三种。

面测法可分为视域面测法和过尺面测法两种,现在多采用过尺面测法,其测量方法是:将目镜微尺呈东西向横放于视域中,借助机械台移动尺,把光片按一定间距的南北测线顺次向前移动,使某一横断面范围内的颗粒都先通过目镜微尺。每一颗粒通过根据该颗粒的定向(东向西)最大截距刻度属于那一粒级范围时,则认为是那一级的颗粒,用分类计数器记录下来。过尺面测法的特点是测量视域一定范围内的颗粒对于跨在指定范围边界上的颗粒可认为只测某一边的颗粒,如测右边的,则左边的都不测,这一条线测定后,再移到第二条测线,直到全光片测完。该方法适用于测粒状矿物。对于非粒状矿物必须采用线测法,因为面测法难以判断非粒状矿物的粒径大小。

线测法可分为直线线测法和过尺线测法两种,多采用过尺线测法。该方法同过尺面方法相似,通过测取十字丝中心颗粒的"定向最大截距",进行分类计数统计。其测量结果相对粗粒级偏高,相对细粒级偏低。

点测法主要适用于粒状颗粒,借助于目镜微尺、电动记点器配合工作,用以测量沿测线通过视域中心的等间距测点上的各类级矿物的点数。用该方法测量粒状矿物的粒度简便迅

速。

　　最后绘制粒度特征曲线,用对数横坐标表示粒级,以等间距纵坐标表示各粒级的累计含量,可简便地读出各网目粒级的粒度情况。

四、矿物单体解离度及其测定

　　矿石经破碎和磨矿后,有些矿物呈单矿物颗粒从矿石其他组成矿物中解离出来,这种单矿物颗粒称为某些单矿,如黄铜矿单矿;有两种或多种矿物连在一起的颗粒叫某-某矿物连生体,如黄铜矿-磁黄铁矿连生体等。

　　某种矿物解离为单体的程度为单体解离度,用以表示某矿物解离为单体颗粒的重量体积百分含量,某矿物的解离度=单体含量/矿物的总含量×100%。通常用"解离率"表示某矿物粒级单体的解离程度,某粒级的解离率=该粒级中该矿物的单体含量/该粒级中该矿物的总含量×100%。

　　在一个样品中,各个粒级的解离程度并不一致,一般细粒级的单体解离率较高,粗粒级的解离率较低。而矿物单体解离度是指该矿物在整个选矿产品中的解离程度,任何一粒级的解离率都不能代表该产品的单体解离度。

　　正确的选定磨矿粒度,就能使有用矿物达到最大限度的单体解离,从而符合经济原则。当矿物粒度不均匀,在确定磨矿粒度时,一般使有用矿物的大部分得到解离,并使选出的精矿品位符合要求即可。虽然细粒级单体解离较高,但若磨矿过细,不但成本偏高,而且容易导致矿物泥化,使选矿等工艺流程复杂化,从而会大大降低经济效益。

参考文献

[1] 徐国风. 矿相学教程[M]. 武汉:武汉地质学院出版社,1986.

[2] 尚浚,等. 矿相学[M]. 北京:地质出版社,2007.

[3] 张术根. 矿相学[M]. 长沙:中南大学出版社,2014.